Pilze

Martin Knoop

Pilze

Bestimmen,
Sammeln,
Zubereiten

Inhaltsverzeichnis

Im Abschnitt „Pilzportraits Seite 98 ff. finden Sie bei jedem Pilznamen die hier abgebildeten Farbsymbole. Diese informieren Sie schnell über den Wert des betreffenden Pilzes.

- eßbar
- ungenießbar
- giftig
- eßbar mit Einschränkung

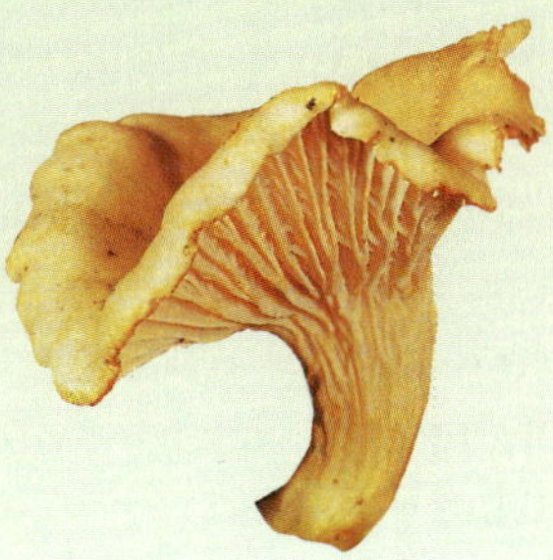

Vorwort

Wer mit offenen Augen die Natur beobachtet, wird überall und ständig auf Pilze stoßen, denn sie haben eine wichtige Funktion im Haushalt der Natur. Das gilt für die mikroskopisch kleinen Schimmelpilze ebenso wie für die größeren und ansehnlicheren Arten, die uns bei jeder Wanderung durch Wald und Flur begegnen. Die Gesamtzahl aller heute bekannten Pilzarten wird mit etwa 100 000 angegeben. In Deutschland gibt es ungefähr 6 000, die so groß sind, daß man ihre Fruchtkörper mit bloßem Auge erkennen kann, und etwa 12 000, die mikroskopisch klein sind. Unter den Großpilzen gibt es eine Reihe von lebensgefährlich giftigen Arten. Andere wiederum sind begehrte Speisepilze.

Dieses Buch wendet sich sowohl an die große Zahl der Naturfreunde, denen das Reich der Pilze noch weitgehend fremd und vielleicht sogar unheimlich ist, als auch an den Pilzpraktiker, der bei seinen Wanderungen und Beobachtungen bereits tiefer in die Materie eingedrungen ist.

In leichtverständlicher Form wird der Leser in die Pilzkunde (Mykologie) eingeführt und erhält Auskunft über Bau, Leben und Fortpflanzung der Pilze, über Nährwert, Vorkommen und Verwendungsmöglichkeiten. Der Komplex Giftpilze und Pilzvergiftungen wird ebenso ausführlich behandelt wie die Formenvielfalt unserer heimischen Pilze, von denen über 230 Arten in bebilderten Portraits vorgestellt werden. Besonderes Gewicht wird auf die Gegenüberstellung von Speisepilzen mit ihren gefährlichen Doppelgängern gelegt.

Natürlich kann im Rahmen dieses Buches keine erschöpfende Darstellung der Mykologie erfolgen. Das ist auch nicht beabsichtigt! Deshalb wird der wissenschaftliche Aspekt nur soweit behandelt, wie es zum Verständnis grundsätzlicher Zusammenhänge unerläßlich ist. Im Vordergrund steht immer das Bemühen, dem interessierten Laien genügend umfangreiche, praxisbezogene Informationen zu bieten, ohne ihn mit zuviel Detailwissen zu verwirren. Deshalb beziehen sich auch alle Ausführungen weitgehend auf die im Bildteil dargestellten Arten.

Schließlich wird dem Naturschutz ein besonderer Platz eingeräumt, denn Eingriffe des Menschen in das ökologische Gleichgewicht haben auch bei den Pilzen dazu geführt, daß von den 6 000 in Deutschland vorkommenden Großpilzarten bereits ca. 1500 in ihrem Bestand bedroht sind.

Von Hippokrates zur modernen Mykologie

Seit frühesten Zeiten haben Pilze eine wichtige Rolle für die menschliche Ernährung gespielt. Sicher hatten bereits die Jäger und Sammler der Vorzeit Kenntnis vom Speisewert wie auch vom Giftgehalt vieler Arten. Die erste Abbildung, die als Darstellung eines Pilzes gedeutet worden ist, findet sich auf der Wandmalerei eines ägyptischen Königsgrabes aus der Zeit um 1450 vor Christus.

Mit dem Fortschritt der Naturwissenschaften im klassischen Altertum befaßten sich Ärzte und Gelehrte in zunehmendem Maße mit den Pilzen. Aus dieser Zeit stammen auch die ersten erhaltenen Aufzeichnungen. Immer mehr Arten wurden erwähnt, ohne daß sie jedoch zunächst näher beschrieben wurden. So nannte Hippokrates, der griechische Arzt und Begründer der wissenschaftlichen Medizin (ca. 460–375 v. Chr.), in seinen Werken bereits Pilze und deren medizinischen Wert. Eine systematische Ordnung der bekannten Arten erfolgte nicht. Auch wußte man zu dieser Zeit noch wenig über die Entstehung, den Bau und das Leben der Pilze. Als erster ordnete Theophrast (372–287 v. Chr.), ein Schüler des Aristoteles, sie in das Pflanzenreich ein und beschrieb ihre Entstehung aus „überflüssiger Feuchtigkeit der Erde, der Bäume, faulenden Holzes und anderer fauler Dinge". Fast 2000 Jahre lang behielt diese Auffassung Gültigkeit, und alle großen Naturwissenschaftler nach Theophrast folgten ihr uneingeschränkt.

Für die Giftigkeit mancher Pilzarten machte man ihren Standort verantwortlich. So

Darstellung von Trüffelsuchern (ital. Buchmalerei, Ende des 14. Jahrhunderts)

schrieb Plinius der Ältere (23–79 n. Chr.), daß Pilze, die in der Nähe von Schlangennestern, auf rostigem Eisen oder Lumpen wachsen, giftig seien. Auch diese Ansicht blieb bis ins späte Mittelalter erhalten. Sie findet sich zum Beispiel in den Werken des großen Naturforschers Albertus Magnus (1193–1280), und im ersten bebilderten Kräuterbuch des Matthiolus von 1560 sind Pilze zusammen mit kriechenden Schlangen abgebildet.

Diese Lehren in Verbindung mit der im Volke verwurzelten Furcht vor Pilzen mußten dazu führen, daß man Pilze mit dem Unheimlichen und Bösen in Verbindung brachte. Sie waren Teufelswerk, Zauberei und Werkzeug der Hexen. Die Volksnamen vieler Arten, wie zum Beispiel Hexenei, Hexen- oder Satansröhrling oder die Bezeichnung Hexenring machen dies deutlich. In vielen Gegenden hat sich dieser Aberglaube bis in die neueste Zeit erhalten, und es gibt auch heute noch einige Menschen, die ein gutes Werk zu tun glauben, wenn sie jeden Pilz zertreten und zerstören.

Mit dem ausgehenden Mittelalter, dem Beginn einer stürmischen Entwicklung aller Naturwissenschaften, kam man zu grundlegend neuen Erkenntnissen in der Pilzkunde. Viele Gelehrte bemühten sich nun um die systematische Ordnung des bisher Bekannten. Carolus Clusius (1525–1609) teilte die Pilze in eßbare und giftige ein und faßte ähnlich aussehende Arten zu Familien zusammen.

Die Erfindung des Mikroskops durch den Holländer Zacharias Jansen 1590 brachte dann die entscheidende Wende! Jetzt war der Forscher nicht mehr nur Beschreiber äußerer Merkmale, sein Blick drang in den Feinbau, in die innere Struktur ein und enthüllte Zusammenhänge ganz neuer Dimension.

Dem italienischen Gelehrten Micheli (1679-1737) gelang als Erstem der Nachweis der Pilzsporen. Er bewies, daß sich Pilze mittels dieser Sporen fortpflanzen, indem er den Sporenstaub verschiedener Arten sammelte und auf natürlichen Nährböden aussäte. Auf diese Art gelang es ihm, Schimmelpilze zu züchten, indem er deren Sporen auf Melonen- und Birnenstükken ausbrachte. Ähnliche Experimente unternahm er mit den Sporen von Blätterpilzen, die er auf altes Laub streute.

Allerdings blieb auch Micheli die Bedeutung des Myzels als eigentliche Pilzpflanze verborgen. Es wurde nach wie vor als eigene Pilzart gewertet.

Ein Hexenring des Wiesenchampignons

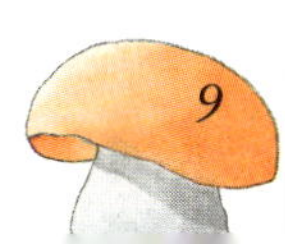

Wilhelm Villinger aquarellierte mehr als 1200 Pilze aus der Umgebung von Offenbach. Hier eine Zeichnung des Netzstieligen Hexenröhrlings von 1939

Viele Forscher bestätigten und erweiterten die Versuche von Micheli, dennoch dauerte es noch Jahrzehnte, bis die alte Anschauung von der Entstehung der Pilze aus Schleim, Feuchtigkeit und Fäulnis endgültig überwunden war.

Hatte Micheli in seinen Schriften bereits eine große Zahl verschiedener Pilzarten beschrieben und mit Holzschnitten abgebildet, so wurde er von Jakob Christian Schaeffer (1718–1790) noch weit übertroffen. Der in Querfurt bei Halle geborene und in Regensburg wirkende evangelische Pfarrer führte in einem vierbändigen Werk fast 400 in Bayern vorkommende Arten auf, von denen er etwa 80 zum ersten Mal nannte. In seinen Büchern sind die Abbildungen von Hand koloriert, und die Herausgabe der Bände war überhaupt nur durch die finanzielle Unterstützung des russischen Zarenhauses möglich.

Wenig später veröffentlichte der niederländische Botaniker und Arzt Christian Hendrik Persoon (1755–1837) seine bahnbrechenden Arbeiten über die Systematik und Nomenklatur der Pilze. In der Folgezeit wurden auf der ganzen Welt ständig neue Arten entdeckt und beschrieben. 1834 gelang dem französischen Forscher Dutrochet (1776–1847) der Nachweis, daß der eigentliche Pilz aus den im Boden wachsenden feinen Pilzfäden besteht, die ein unterirdisches Geflecht (Myzel) bilden. Er erkannte damit erstmals, daß die Fruchtkörper – landläufig als Pilze bezeichnet – lediglich die Organe sind, die zur Sporenerzeugung dienen. Bisher hatte man die Myzelien als eine eigene Pilzart angesehen.

Der schwedische Botaniker Elias Fries (1794–1878), Professor an der Universität von Uppsala, entwickelte ein System der Blätterpilze, das auf der Farbe des Sporenstaubs basiert und bis heute in seinen Grundzügen Gültigkeit besitzt. Seine Forschungsergebnisse veröffentlichte er in dem dreibändigen Werk „Systema Mycologicum“.

Ein Gelehrter soll am Ende dieses kurzen Geschichtsabrisses noch genannt werden, dessen Wirken weit über den deutschsprachigen Raum hinaus internationale Bedeutung erlangt hat: Pfarrer Adalbert Ricken (1850–1921). Dieser Theologe, der an verschiedenen Orten, zuletzt in Lahrbach in der Rhön sein Amt versah, hatte nie Botanik studiert! Bereits als Schüler von der faszinierenden Vielfalt der Pilze beeindruckt, beschäftigte er sich zeitlebens mit dieser Materie. Durch seine eigenen Untersuchungen, umfangreiche Literaturstudien und regen Kontakt zu allen bedeutenden Mykologen seiner Zeit wurde aus dem Autodidakten einer der kenntnisreichsten Pilzkundler des beginnenden 20. Jahrhunderts. Auch er widmete seine Aufmerksamkeit besonders der Systematik, präzisierte bereits vorhandene Artenbeschreibungen und legte in unermüdlicher Arbeit Tausende von mikroskopischen Details fest. In seinem ersten Werk „Die Blätterpilze“ sind etwa 1 500 Arten beschrieben und in Ordnungen und Familien aufgeteilt. Dabei folgte er dem von Fries aufgestellten Prinzip der Klassifizierung nach Sporenfarben. Sein zweites Buch „Vademecum für Pilzfreunde" (1918) enthält bereits über 2 000 Arten und stellt praktisch die Zusammenfassung aller bis dahin in Mitteleuropa erkannten Großpilze dar. Von der Universität Würzburg wurde Adalbert Ricken zum Ehrendoktor ernannt.

In den folgenden Jahren traten Fragen nach der Verwandtschaft und Systematik der Pilze in den Hintergrund. Im Jahre 1928 entdeckte Alexander Fleming die antibiotische Wirkung des Schimmelpilzes *Penicillium notatum.* Das aus ihm gewonnene Antibiotikum Penicillin rettete seitdem Millionen von Menschen das Leben. Eine intensive Forschung nach weiteren in der Medizin verwendbaren Inhaltsstoffen setzte ein. Neben anderen Antibiotika haben Wissenschaftler chemische Verbindungen aus Pilzen isoliert, die in der Zukunft möglicherweise zur Senkung des Blutdruckes und Cholesterinspiegels eingesetzt werden können.

Große Fortschritte wurden auch bei der Erforschung der mikroskopisch kleinen Pilze erzielt. Zum Beispiel wurde ein Pilz entdeckt, der sich von Fremdstoffen im Rohöl ernähren kann. Die Rohölqualität wird durch die Abbautätigkeit des Pilzes verbessert, und die eiweißhaltigen Pilzzellen können anschließend abgefiltert, gereinigt und als Viehfutter verwendet werden.

Erst in jüngster Zeit haben sich die Fragen nach der Zahl der Pilze, ihrer Verwandtschaft, ihrer Lebensweise, Verbreitung und Häufigkeit erneut gestellt. Eine neue Bestandsaufnahme der Großpilze in Deutschland hat gezeigt, daß die Artenzahl nicht bei ungefähr 2 000 liegt, wie Ricken noch zu Beginn des 20. Jahrhunderts annahm, sondern bei etwa 6 000 Arten! Von diesen sind fast 1 500 in ihrem Bestand gefährdet. Hier liegt eine wichtige Aufgabe der Mykologie für die Zukunft: Es gilt, das Überleben der Pilze als wichtige „Bausteine" im Naturhaushalt zu sichern.

Adalbert Ricken (1850–1921)

Was sind Pilze?

Ihre Rolle im Naturhaushalt

Die Länder der Industrienationen werden seit Jahrzehnten zunehmend einem Problem gegenübergestellt, für das es bisher keine Lösung gibt: wohin mit dem Müll? Seitdem es gelungen ist, auf billige Weise Kunststoffe herzustellen, häufen sich deren nicht verrottende Abfälle zu riesigen Bergen. Niemand weiß, wie dieser Müllflut zu begegnen ist. Schon die Bezeichnung „Entsorgung" zeigt, wie viele Sorgen diese Frage bereitet.

In der Natur ist das Problem der Abfallbeseitigung seit mehreren hundert Millionen Jahren gelöst, und das Verfahren funktioniert bis auf den heutigen Tag! Alles, was produziert wird, wird auch wieder abgebaut und in seine Ausgangsbestandteile zurückgeführt. Es gibt

Ohne die grünen Pflanzen wäre ein Leben, wie wir es kennen, auf der Erde nicht möglich

einen ewigen Kreislauf zwischen Hersteller (**Produzent**), Verbraucher (**Konsument**) und Zersetzer (**Destruent**). Die Produzenten bauen aus dem Kohlendioxid der Luft und Wasser organische Substanz, nämlich Zucker auf. Bis auf wenige spezialisierte Bakterien benötigen sämtliche Produzenten für diesen Prozeß das Sonnenlicht als Energiequelle und den grünen Blattfarbstoff (Chlorophyll) als Katalysator. Die wichtigsten Produzenten sind demnach die grünen Pflanzen. Bei diesem als Photosynthese bezeichneten Prozeß entsteht Sauerstoff, den Tiere und Menschen als lebensnotwendige Atemluft benötigen.

Die Konsumenten sind die Tiere. Sie ernähren sich von den Pflanzen oder erbeuten als Fleischfresser ihrerseits die Pflanzenfresser. Ob Pflanze oder Tier, alle Lebewesen sterben eines Tages, und jetzt werden die Destruenten aktiv. Sie bauen die toten Körper ab, d. h. sie „zerlegen“ sie wieder in ihre Ausgangsprodukte, in einfache anorganische Verbindungen. Nicht nur die Bakterien, sondern vor allem die Pilze sind für diesen Prozeß notwendig. Ohne sie würde bald alles Leben unter einer immer dicker werdenden Schicht toter pflanzlicher und tierischer Substanz ersticken. Pilze müssen also in unvorstellbarer Individuenzahl und überall auf der Erde vorhanden sein, um ihre Aufgabe erfüllen zu können.

Allerdings leben nicht alle Pilze saprophytisch und decken ihren Energiebedarf aus dem Abbau toter Körper. Viele schmarotzen auf lebenden Organismen, sind also Parasiten, und eine große Anzahl ist eine Lebensgemeinschaft (Symbiose) mit höheren Pflanzen eingegangen (z. B. Mykorrhizapilze).

Saprophyten

Saprophyten oder Fäulnisbewohner besiedeln tote organische Substanz und bauen sie ab. Viele Großpilze gehören in diese Gruppe. Humus, Stroh, das Fallaub der Wälder, Stämme, Äste und Stümpfe, Mist, sogar Federn, Horn und Holzkohle dienen ihnen als Substrat, aus dem sie ihre Nährstoffe beziehen. Die meisten bevorzugen ganz bestimmte Substrate, z. B. das Stockschwämmchen die Überreste von Laubholz, der Graublättrige Schwefelkopf Nadelholz. Andere Arten wie der Schopftintling und der Riesenbovist gedeihen vor allem an stickstoffreichen Orten. Eine viel größere Bedeutung und für den Menschen oft unerfreuliche Auswirkungen haben die zahlreichen mikroskopisch kleinen Saprophyten. Sie befallen unsere Nahrungsmittel und machen sie dadurch ungenießbar. Verschimmelte Marmelade, gärender Fruchtsaft, ein fauler Apfel – all das weist auf ihre Tätigkeit hin.

Von einem Brandpilz befallene Maiskolben

Parasiten

Parasiten oder Schmarotzer beziehen die von ihnen benötigten Nährstoffe aus lebenden Organismen. Dabei schädigen sie ihren Wirt, und oft zerstören sie ihn sogar. Die Zahl der Schmarotzer unter den Großpilzen ist begrenzt. Allgemein bekannt ist, daß der Hallimasch und auch bestimmte Porlings-Arten lebende Bäume befallen. Sogar auf bestimmten Pilzen parasitierende Pilze kommen vor. So lebt der Schmarotzerröhrling auf Fruchtkörpern des Kartoffelbovistes, der Parasitische Scheidling auf denen der Nebelkappe.

Aber auch bei den Parasiten spielen die mikroskopisch kleinen Pilze die größere Rolle. Zum Beispiel fordern Brandpilze und Rostpilze, Mehltau und Kartoffelkrebs in jedem Jahr ihren Tribut an der Ernte. Die Schäden, die sie anrichten, gehen in die Milliarden. In den Tropen verursachen diese Pilze Ernteausfälle bis zu 50 Prozent.

Pilze als Symbiosepartner

Mykorrhizapilze

Pilze, die mit grünen Pflanzen eine Symbiose eingehen, nennt man Mykorrhizapilze. Sie umspinnen mit ihrem Geflecht die feinsten Saugwurzeln der Pflanzen, dringen teilweise sogar in diese ein und entziehen ihnen für ihre eigene Entwicklung notwendige Stoffe. Die Wurzeln der Pflanzen werden dabei nicht geschädigt, sondern ihrerseits in die Lage versetzt, Mineralstoffe aus dem Boden leichter aufzunehmen. So können z. B. Kiefernsämlinge nur dann kräftig heranwachsen, wenn ihre Wurzeln vom Geflecht eines bestimmten Pilzes umsponnen sind.

Orchideensamen, die mikroskopisch klein sind und überhaupt kein Nährgewebe enthalten, können nur keimen, wenn sie speziellen Mykorrhizapilzen begegnen. Die beiden Symbiosepartner sind also aufeinander spezialisiert. Aus diesem Grund findet man Mykorrhizapilze ausschließlich in der Nähe „ihrer" Pflanze. Viele begehrte Speisepilze wie Steinpilz, Maronenröhrling und Pfifferling ebenso wie gefährliche Giftpilze sind Mykorrhizapilze. Sie sind ohne ihren Wirt nicht lebensfähig. Das hat zur Folge, daß die auf bestimmte Baumarten spezialisierten Mykorrhizapilze verschwinden, wenn die Bäume gefällt werden oder sterben.

Flechten – eine Lebensgemeinschaft zwischen Alge und Pilz

Flechten

Flechten bilden funktionell einen einheitlichen Körper, nach dessen Aussehen sich mehr als 20 000 Arten unterscheiden lassen. Die mikroskopische Untersuchung zeigt jedoch, daß es sich bei einer Flechte um eine Lebensgemeinschaft zwischen einem Pilz und einer Alge handelt.

Ameisen und Pilze

Selbst Tiere gehen eine Symbiose mit Pilzen ein. So kultivieren die Blattschneiderameisen einen Pilz, von dem sie die verdickten und nährstoffreichen Enden der Pilzfäden abweiden. Sie legen dazu regelrechte Pilzgärten an, die sie regelmäßig versorgen und pflegen. Als Nährboden liefern sie dem Pilz zerkaute Blattstückchen.

Bauplan und Vermehrung

Pilze sind – wie auch Moose, Farne, Schachtelhalme und Bärlappe – keine Samenpflanzen, sondern Sporenpflanzen. Sie haben weder Wurzeln noch Stengel oder Blätter und bilden zu ihrer Fortpflanzung weder Blüten noch Samen, sondern Sporen. Die Zellen der Pilze sind farblos, und ihre Zellwände bestehen nicht aus Zellulose wie bei den grünen Pflanzen, sondern aus Chitin. Als Reservestoffe werden Glykogen und Fette gebildet, Stärke kommt nicht vor.

Das Myzel

Was wir als Pilz sammeln, ist eigentlich nur der oberirdische Teil (der Fruchtkörper) eines Pilzorganismus, der als spinnwebenfeines manchmal weit verzweigtes Fadengeflecht den Waldboden oder ein anderes Substrat durchzieht. Als Substrat bezeichnet man den Stoff oder die Umgebung, aus der der Pilzorganismus seine Nährstoffe bezieht. Dieses Fadengeflecht, genauer als Pilzlager oder Myzel bezeichnet, besteht aus zahlreichen feinsten, aus langgestreckten Zellen zusammengesetzten Fäden, die man Hyphen nennt.

Die Fruchtkörper, denen als Pilzsammler unser eigentliches Interesse gilt, haben also nur die Aufgabe, die Art zu erhalten und zu vermehren. Bei der Entstehung eines Fruchtkörpers lagern sich Teile der Hyphen zu dichten Knäueln zusammen, die immer größer werden und in denen sich die zunächst noch regellosen Zellen zu ordnen beginnen. Schließlich strecken sich diese Zellen, der junge Fruchtkörper durchbricht die Substratdecke und wächst zu seiner vollen Größe heran. Die Sporen werden dann in einer Schicht gebildet, die bestimmte Teile des Fruchtkörpers wie ein Tuch überzieht. Bei den Blätter- und Stachelpilzen befindet sich diese Schicht auf den Lamellen bzw. Stacheln, bei den Röhrenpilzen im Inneren der Röhren. Nur bei den Bauchpilzen wird sie im Fruchtkörperinneren angelegt.

Das Pilzmyzel durchzieht den Boden als feines fadenartiges Geflecht

Eine neue Pilzgeneration entsteht

Da die Fortpflanzung durch Sporen von vielerlei Zufälligkeiten abhängt, sorgen die Pilze durch die Produktion ungeheurer Sporenmengen für den Bestand ihrer Art. Ein Wiesenchampignon von etwa 8 cm Hutdurchmesser erzeugt rund 1,8 Milliarden Sporen, von denen er, wenn sie reif sind, 40 Millionen pro Stunde abwirft. Beim Riesenbovist schätzt man die Sporenzahl gar auf 5 bis 6 Billionen.

Mit ganz wenigen Ausnahmen (z. B. Stinkmorchel) werden die Sporen von der Luft verbreitet. Der geringste Windzug transportiert die winzigen, nur wenige Tausendstel Millimeter großen Gebilde über weite Entfernungen. Dabei sind Windrichtung und -geschwindigkeit genauso zufällige Größen wie Luftfeuchtigkeit und Niederschläge. An irgend einem Ort landen die Sporen und keimen zu fadenförmigen Zellen aus, wenn sie auf geeigneten Untergrund treffen und zugleich auch die äußeren Bedingungen wie Temperatur und Feuchtigkeit stimmen. Aber um einen Fruchtkörper bilden zu können, müssen am gleichen Ort zwei verschiedengeschlechtliche Sporen der gleichen Pilzart auskeimen. Ist auch diese Voraussetzung erfüllt, verläuft die Fruchtkörperbildung bei den Großpilzen prinzipiell auf zwei verschiedenen Wegen, der eine führt zu den Schlauchpilzen, der andere zu den Ständerpilzen.

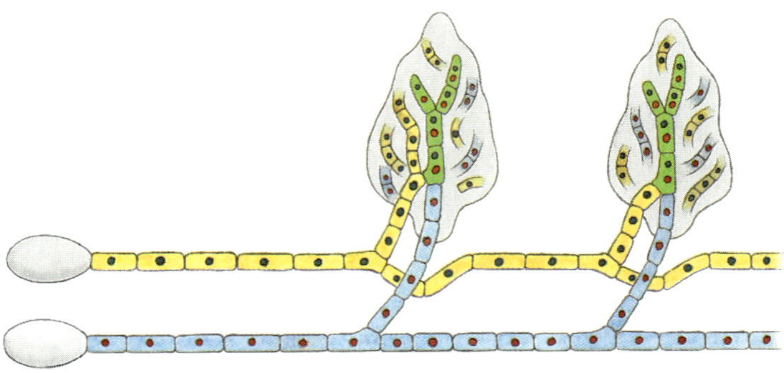

Entstehung eines Schlauchpilzes

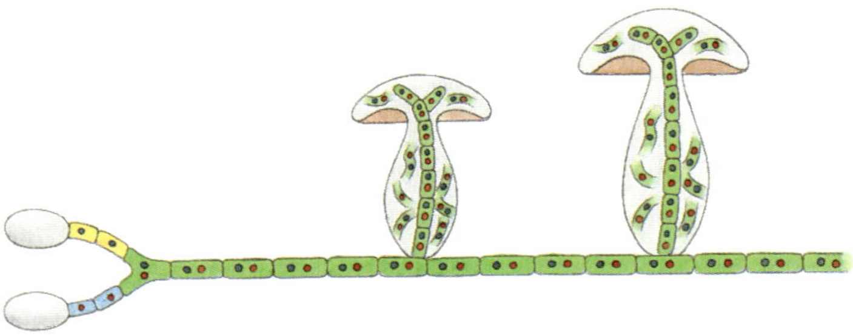

Entstehung eines Ständerpilzes

Schlauchpilze

Bei den Schlauchpilzen (Ascomyceten) – hierzu gehören zum Beispiel Morcheln, Lorcheln, Becherlinge und Trüffel – besteht das Myzel, das den Boden durchwächst, aus Zellen, die nur je einen Zellkern enthalten (Primärmycel). Erst im heranwachsenden Fruchtkörper verschmelzen Zellen verschiedengeschlechtlicher Pilzfäden. Das so entstehende Sekundärmycel besteht aus Zellen mit 2 Kernen. In den Zellen am Ende der Pilzfäden verschmelzen die beiden Kerne miteinander und es bildet sich ein Schlauch (Ascus), in dem 8 Pilzsporen entstehen, die ausgeschleudert und vom Wind verbreitet werden.

Ständerpilze

Der überwiegende Teil der Großpilze sind Ständerpilze. Zu ihnen gehören zum Beispiel Röhrlinge, Porlinge und Blätterpilze. Bei den Ständerpilzen (Basidiomyceten) verschmelzen die verschiedengeschlechtlichen Pilzfäden bereits vor der Ausbildung von Fruchtkörpern. Das Myzel, das den Boden durchzieht, ist also bereits ein Sekundärmyzel (jede Zelle besitzt 2 Kerne). An mehreren Stellen dieses Myzels kommt es nun bei günstigen Bedingungen zur Ausbildung von Fruchtkörpern, die ganz aus Zellen mit 2 Kernen bestehen. Die sporenerzeugenden Zellen, in denen die beiden Zellkerne verschmelzen, sind keulenförmig ausgebildet und entstehen an den Enden von Pilzfäden. Man nennt sie bei den Ständerpilzen Basidien. Sie tragen auf kurzen, fingerartigen Fortsätzen 4 Sporen. Diese werden wie bei den Ascomyceten fortgeschleudert und vom Wind verbreitet. Damit ist der Lebenszyklus der Schlauch- wie der Ständerpilze geschlossen.

Speise- und Nährwert der Pilze

Der Pilzesammler beurteilt einen Pilz vor allem nach folgenden Kriterien:

- Ist er eßbar?
- Schmeckt er gut, und ist seine Konsistenz appetitlich?
- Welchen Nährwert hat er?

Eßbar oder giftig?

Eßbar sind alle Arten, die in der Küche Verwendung finden können, wobei allerdings Voraussetzung ist, daß sie ausreichend lange genug erhitzt worden sind. In älterer Literatur findet man gelegentlich Hinweise, daß dieser oder jener Pilz für Speisezwecke geeignet ist, wenn er vorher abgekocht und das Kochwasser weggegossen wird. Zum Teil ist diese Meinung irrig wie beim Hallimasch, zum Teil lebensgefährlich wie bei der Frühjahrslorchel. Es gibt überall und zu jeder Jahreszeit so viele Speisepilze, daß man auf derlei unsichere „Kandidaten" verzichten kann.
Ungenießbar sind Pilze, die zu scharf oder zu bitter schmecken, stinken, eine unappetitliche Konsistenz haben oder holzhart sind.
Giftig schließlich sind alle die Arten, deren Genuß allein oder auch in Verbindung mit Alkohol gesundheitsschädigende Folgen hat – angefangen von Magen-Darmstörungen wie Übelkeit und Erbrechen bis zu schwersten Leber- und Nierenschäden oder gar Tod.

Natürlich sind die Grenzen bei den ersten beiden Gruppen fließend. Was der eine Pilzfreund noch als wohlschmeckend verspeist, hält der andere schon für Tapetenkleister. Was der eine als pikante Schärfe rühmt, findet der andere ekelhaft. Völlig eindeutig ist hingegen die dritte Gruppe. Giftig ist giftig! Vage Aussagen wie etwa: „Diese Art hat gelegentlich schon zu Verdauungsstörungen geführt", sind für den Laien völlig irritierend.

Chemische Zusammensetzung und Nährwert

Früher bezeichnete man Pilze oft als „Fleisch des Waldes". Diese Bezeichnung bezieht sich auf ihren Gehalt an Eiweißstoffen, ist jedoch übertrieben; denn ihr Eiweißgehalt entspricht mit durchschnittlich 2,5 bis 3,5 % dem vieler Gemüsesorten.

Zudem besagt die Menge des vorhandenen Eiweißes noch nicht viel, wichtiger ist, wieviel davon verdaulich ist. Je nach Pilzart kann der menschliche Körper etwa 70 bis 90 % des Pilzeiweißes verarbeiten. Sich schnell entwikkelnde und auch schnell vergängliche Pilzarten enthalten einen höheren Anteil an verdaulichem Eiweiß als solche, die sich langsam entwickeln und lange ausdauern.

Man hat berechnet, daß ein Mensch zur Deckung seines Eiweißbedarfs täglich 1 bis 2 Kilo Pilze verzehren müßte. Das dürfte über einen längeren Zeitraum wohl kaum möglich sein. Dennoch sind Pilze als zusätzliche Eiweißquelle von Bedeutung, insbesondere in den asiatischen Ländern, wo die Lücke an diesem lebenswichtigen Nahrungsbestandteil nach wie vor besonders groß ist. Deshalb ist es auch gewiß kein Zufall, daß gerade dort die Kultur von Pilzen schon seit langer Zeit in großem Ausmaß betrieben wird.

Natürlich enthalten Pilze noch eine ganze Reihe weiterer, ernährungsphysiologisch bedeutsamer Stoffe wie Kohlenhydrate, Fette, Mineralsalze, aber auch Vitamine und anderes. Durchschnittlich besteht ein Pilz zu 91 % aus Wasser, zu 3,2 % aus Eiweiß, zu 0,5 % aus Fett, zu 3,7 % aus Kohlenhydraten, zu 0,8 % aus Rohfaser und zu 0,8 % aus Mineralsalzen.

Neben dem Gehalt an Eiweiß sind die Mineralsalze, allgemein Mineralstoffe genannt, in Pilzen von besonderer Bedeutung. Eine große Rolle für unsere Gesundheit spielen vor allem die Kaliumsalze und Phosphate. Bekanntlich ist unsere Kaliumversorgung durch die heute übliche Ernährungsweise nicht immer sichergestellt.

Nicht unerwähnt bleiben sollen die Geschmacksstoffe einer leckeren Pilzmahlzeit, die den Appetit anregen und die Verdauung fördern. Auf der rechten Seite finden Sie eine Liste ergiebiger und guter Speisepilze.

Abschließend läßt sich sagen, daß Pilze sowohl eine kalorienarme (1340 kJ [= 320 kcal] pro Kilogramm) als auch eiweiß- und mineralstoffreiche Nahrung sind. Sie sind vor allem als Zusatzkost bei kohlenhydratreicher Ernährung mit viel Kartoffeln, Getreide und Getreideprodukten sehr wertvoll.

In Ostasien wird der Shiitakepilz seit langem gezüchtet

Ergiebige und gute Speisepilze

Deutscher Name	Lateinischer Name	Beschreibung/Seite
Apfeltäubling	*Russula paludosa*	230
Austernseitling	*Pleurotus ostreatus*	172
Behangener Faserling	*Psathyrella candolleana*	207
Birkenröhrling	*Leccinum scabrum*	149
Birkenrotkappe	*Leccinum versipelle*	150
Brätling	*Lactarius volemus*	238
Eichhase	*Dendropolyporus umbellatus*	125
Erdritterling	*Tricholoma terreum*	167
Espenrotkappe	*Leccinum rufum*	150
Fleischroter Speisetäubling	*Russula vesca*	227
Frauentäubling	*Russula cyanoxantha*	227
Goldröhrling	*Suillus grevillei*	136
Graublättriger Schwefelkopf	*Hypholoma capnoides*	212
Großer Gelbfuß	*Gomphidius glutinosus*	155
Grünfeldriger Täubling	*Russula virescens*	224
Grünling	*Tricholoma equestre*	169
Käppchenmorchel	*Mitrophora semilibera*	107
Kleiner Waldchampignon	*Agaricus silvaticus*	199
Krause Glucke	*Sparassis crispa*	114
Lilastiel-Rötelritterling	*Lepista saeva*	180
Maipilz	*Calocybe gambosa*	158
Maronenröhrling	*Xerocomus badius*	141
Märzschneckling	*Hygrophorus marzuolus*	155
Nelkenschwindling	*Marasmius oreades*	176
Parasolpilz	*Macrolepiota procera*	193
Pfifferling	*Cantharellus cibarius*	116
Reifpilz	*Rozites caperatus*	218
Riesenbovist	*Langermannia gigantea*	240
Rotbrauner Riesenträuschling	*Stropharia rugosoannulata*	211
Safranschirmling	*Macrolepiota rhacodes*	194
Samtfußrübling	*Flammulina velutipes*	165
Schafchampignon	*Agaricus arvensis*	201
Schopftintling	*Coprinus comatus*	204
Schwarzfaseriger Ritterling	*Tricholoma portentosum*	168
Schweinsohr	*Gomphus clavatus*	119
Speisemorchel	*Morchella esculenta*	104
Spitzmorchel	*Morchella conica*	105
Stadtchampignon	*Agaricus bitorquis*	197
Starkriechender Leistling	*Cantharellus lutescens*	118
Steinpilz	*Boletus edulis*	147
Stockschwämmchen	*Kuehneromyces mutabilis*	216
Trompetenpifferling	*Cantharellus tubaeformis*	117
Wiesenchampignon	*Agaricus campestris*	198

Pilze als Gesundheitsrisiko

Die häufigste Frage, die ein Pilzexperte zu beantworten hat, ist die nach der Zahl der bekannten Giftpilze. In der Literatur findet man darüber die unterschiedlichsten Angaben. Vor allem in älteren Büchern gibt es Hinweise auf den Speisewert mancher Arten, die mittlerweile korrigiert worden sind. So galten früher Kahler Krempling, Frühjahrslorchel, ja sogar der Pantherpilz als eßbar, der Falsche Pfifferling jedoch als giftig. Heute weiß man, daß diese Aussagen falsch sind und verhängnisvolle Folgen haben können. Deshalb an alle Pilzsammler der dringende Rat: Verwenden Sie nur ein Bestimmungsbuch neuerer Ausgabe!

Der Hallimasch gehört zu den Pilzen, die roh giftig sind

Wenn auch die Ansichten vergangener Tage, wonach Pilze, die man in der Nähe von Schlangennestern, rostendem Eisen oder auf Lumpen findet, giftig seien, längst zu den Fabeln gehören, haben sich doch einige „untrügliche Tips" zur Erkennung giftiger Pilze aus vergangenen Zeiten bis heute hartnäckig erhalten. Da heißt es zum Beispiel, daß Wildtiere oder auch Schnecken keine giftigen Arten anfressen. Und das sicherste Erkennungsmerkmal für die Unbedenklichkeit einer Pilzmahlzeit sei, eine Zwiebel oder einen silbernen Löffel bei der Zubereitung mit zu erhitzen. Verfärbten sie sich schwarz, sei dies ein Zeichen dafür, daß Giftpilze mitverwendet wurden. Blieben sie dagegen hell, sei alles in Ordnung. Wer an diesen Humbug glaubt, ist selbst schuld! Jeder kann leicht überprüfen, daß der tödlich giftige Grüne Knollenblätterpilz sowohl von Schnecken als auch von Kaninchen angefressen wird und beim Erhitzen weder Zwiebel noch Silberlöffel verfärbt. Die Espen- und Birkenrotkappe hingegen, zwei unserer vorzüglichsten Röhrlinge, lassen einen silbernen Löffel schwarz anlaufen. Derartige Patentregeln zur Erkennung von Giftpilzen sind daher ebenso falsch wie gefährlich!

Genauso gefährlich ist die Meinung, die hoffnungslose Optimisten immer wieder vertreten. Sie sagen: Erstens gibt es sowieso nur eine Handvoll gefährlicher Arten und zweitens sind diese so selten, daß es ganz unwahrscheinlich ist, beim Sammeln irgendwann einen zu erwischen. Die Realität sieht allerdings anders aus: In manchen Gegenden treten bei bestimmten Witterungsverhältnissen Knollenblätterpilze massenhaft auf, und nicht anders verhält es sich mit den übrigen Giftpilzen. Jahrelang kann man vergeblich nach ihnen Ausschau halten, und dann wieder bedecken sie zu Tausenden mit ihren Fruchtkörpern den Waldboden.

Das, was Sie jetzt gerade gelesen haben, soll jedoch nicht dazu führen, Sie so zu verängstigen und zu verunsichern, daß Sie ab sofort Ihre Pilze nur noch wohlsortiert auf dem Wochenmarkt kaufen! Die Anzahl der giftigen Pilzarten ist auch für den Laien überschaubar. Die der eßbaren ist weitaus größer. Mit der nötigen Sorgfalt betrieben, ist Pilzsuchen ein ungetrübtes Vergnügen. Sie müssen nur eine Regel dabei beherzigen, die immer Gültigkeit haben wird:

Sammeln Sie nur die Pilze, die Sie ganz genau kennen und von giftigen Doppelgängern sicher unterscheiden können!

Nach dem neuesten Stand kennt man in Mitteleuropa etwa 90 giftige Pilzarten. Davon sind ein knappes Dutzend lebensgefährlich giftig. Dazu kommen etwa 50 Arten, die roh oder nur ungenügend erhitzt zu mehr oder weniger heftigen Vergiftungserscheinungen führen. Von einer nicht bezifferbaren Zahl ist der Wert fraglich oder wegen der Seltenheit des Pilzes auch heute noch unbekannt. Hier sind es vor allem Pilze aus den artenreichen Gattungen der Haarschleierlinge und Helmlinge, deren Speisewert nicht überprüfbar ist. Schaden kann man aber nicht nur durch den Verzehr giftiger Arten nehmen. Auch verdorbene oder unzureichend erhitzte Pilze führen nicht selten zu schweren Schädigungen. Darüber hinaus hat der Genuß von Alkohol vor, während oder nach dem Verzehr bestimmter Pilzarten eine recht ungewöhnliche Vergiftung zur Folge (siehe S. 26). Außerdem gibt es Personen, die auf Pilze allergisch reagieren. Schließlich können Pilze unter Umständen auch gesundheitsschädliche Schwermetalle und radioaktive Substanzen in ihren Fruchtkörpern anreichern und speichern.

Pilzvergiftungen

Der Verlauf einer Pilzvergiftung hängt wesentlich von zwei Faktoren ab:

1. Welche Giftstoffe enthält die Art, die verzehrt wurde?
2. In welcher Menge wurde das Gift dem menschlichen Körper zugeführt?

Von entscheidender Bedeutung ist die Latenzzeit des jeweiligen Giftes, das heißt, die Zeit zwischen dem Genuß und dem ersten Auftreten von Vergiftungserscheinungen. Tritt bereits nach kurzer Zeit Unwohlsein ein, so kann durch Erbrechen – meist sind derartige Vergiftungen davon begleitet – der größte Teil des aufgenommenen Giftes wieder ausgeschieden werden, und der Patient erholt sich schnell. Wirkt das Gift hingegen erst nach Stunden oder Tagen, dann ist es bereits weitgehend ins Blut gelangt, und ärztliche Hilfe kommt oft zu spät. Selbst wenn eine derartige Vergiftung nicht tödlich endet, so hat sie oft lange Krankheit oder Siechtum zur Folge. Für den Fall einer Vergiftung kann man daher sagen:

Eine Pilzvergiftung ist um so gefährlicher, je länger der Zeitraum zwischen der Mahlzeit und dem Auftreten der ersten Vergiftungssymptome ist.

Folgende Gruppen von Krankheitsbildern (Syndrome) lassen sich bei Pilzvergiftungen unterscheiden:

Phalloides - Syndrom

Die folgenden drei nahe miteinander verwandten Arten sind mit Abstand die gefährlichsten Giftpilze in unserem Lande:
Grüner Knollenblätterpilz
Amanita phalloides
Frühlingsknollenblätterpilz
Amanita verna
Kegelhütiger Knollenblätterpilz
Amanita virosa.

Von Grünen Knollenblätterpilzen gibt es auch weiße Exemplare

Allein der Grüne Knollenblätterpilz verursacht mehr als 90 % aller tödlichen Vergiftungen! Schon ein einziger Fruchtkörper, versehentlich mitgesammelt und zubereitet, kann zum Tod einer ganzen Familie führen! Selbst bei Anwendung der modernsten medizinischen Methoden enden immer noch 30–50 % aller Vergiftungsfälle tödlich. Jedes Jahr berichtet die Presse über Vergiftungen durch diesen Pilz, der entweder mit Champignons, grünen Täublings-Arten oder auch mit dem Grünling verwechselt wird. Im Jahr 1975 starben alle 12 Teilnehmer eines Pilzessens an einer Vergiftung durch den Knollenblätterpilz. Diese Pilze haben deshalb eine so verhängnisvolle Wirkung, weil ihre Giftstoffe nicht schon kurze Zeit nach dem Verzehr zu Krankheitserscheinungen führen, sondern erst nach 6–20 Stunden.

Symptome der Vergiftung

Der Grüne Knollenblätterpilz wie auch der Frühlingsknollenblätterpilz enthalten nicht nur ein einziges Gift, sondern etwa 10 verschiedene. Sie lassen sich in zwei Giftgruppen – Phallotoxine und Amatoxine – zusammenfassen. Die Phallotoxine werden in der Anfangsphase einer Vergiftung wirksam und führen zu schweren Erkrankungen im Magen-Darmbereich wie Erbrechen, Koliken, Krämpfen, wäßrigem Durchfall und daraus resultierenden Kreislaufschädigungen. Die höchst giftigen Amatoxine hingegen wirken später, meist erst nach Tagen scheinbarer Besserung des Patienten. Es kommt dann zu schwersten Leber-, Nieren- und Herzmuskelschäden, an deren Ende nur allzuoft ein qualvoller Tod steht.

Auch im Kegelhütigen Knollenblätterpilz sind einige dieser Toxine nachgewiesen worden, so daß auch diese Art zu den giftigsten gerechnet werden muß.

Orellana-Syndrom

Verursacht werden die nachfolgend beschriebenen Vergiftungserscheinungen durch zwei Arten aus der großen Familie der Schleierlinge:
Orangefuchsiger Rauhkopf
(Cortinarius orellanus)
Spitzbuckliger Rauhkopf
(Cortinarius speciosissimus)

Beide sind kleine, lebhaft orangefuchsige bis rötlichbraune Pilze. Sie haben einen nur 3 bis 7 cm breiten Hut mit rostfarbenen Lamellen, die bei jungen Exemplaren durch einen gelblichen

Haarschleier geschützt sind. Der Stiel ist gelblich gefärbt. Der Orangefuchsige Rauhkopf ist bei uns selten und in seinem Bestand gefährdet. Der Spitzbucklige Rauhkopf kommt in Süddeutschland vor, besonders in den Voralpenmooren. Erst in den 50er Jahren ist der Orangefuchsige Rauhkopf als tödlich giftig erkannt worden, nachdem es in Polen mehrmals zu Massenvergiftungen kam. Dort erkrankten von 1952 bis 1957 132 Personen nach dem Genuß dieses Pilzes, 19 Menschen starben.

Die Latenzzeit beider Arten ist noch länger als bei den Knollenblätterpilzen und beträgt 3 bis 14 Tage!

Symptome der Vergiftung

Anfangs tritt unstillbares Durstgefühl auf, dann kommt es zu Erkrankungen des Magen-Darmbereiches mit Erbrechen, Übelkeit und Schmerzen. Schließlich kommen schwere Nierenschädigungen hinzu, die, selbst wenn der Patient überlebt, monatelanges Siechtum zur Folge haben.

Auch beim Gift dieser Pilze handelt es sich um ein Gemisch verschiedener Stoffe, die man Orellanine genannt hat und deren Zusammensetzung bislang noch nicht endgültig geklärt ist.

Abb. oben: Orangefuchsiger Rauhkopf,
Abb. unten: Spitzbuckliger Rauhkopf

Gyromitra-Syndrom

Verursacher dieser Vergiftung ist die früher als Speiselorchel bezeichnete

Frühjahrslorchel
Gyromitra esculenta

Seit langer Zeit weiß man, daß dieser Pilz roh oder ungenügend vorbehandelt erheblich giftig ist. Vor der endgültigen Zubereitung wurde er daher früher abgekocht und das Kochwasser weggegossen. Auch Trocknung und mehrmonatige Lagerung sollte ihn genießbar machen. Aus dem baltischen Raum ist bekannt, daß auf den Märkten der größeren Städte Tausende Zentner dieses Pilzes gehandelt wurden.

Heute ist erwiesen, daß es auch bei „vorschriftsmäßiger“ Behandlung zu schwersten Vergiftungen kommen kann. Besonders Kinder, organisch kranke Personen und solche, die mehrmals hintereinander Lorchelmahlzeiten zu sich genommen haben, sind die Opfer. Als Konsequenz dieser Erkenntnis wurde die Frühjahrslorchel als Speisepilz zum Verkauf und zur industriellen Verarbeitung nicht mehr zugelassen. Bereits im 19. Jahrhundert bemühten sich Wissenschaftler um die Aufklärung und Isolierung des Giftstoffes dieses Pilzes. Das Ergebnis war einer der langlebigsten Irrtümer in der neueren Pilzkunde. Man fand eine organische Säure, die den Namen „Helvellasäure“ erhielt. Fast 80 Jahre lang wurde sie im gesamten mykologischen Schrifttum als das Gift der Frühjahrslorchel geführt, bevor in den 60er Jahren nachgewiesen wurde, daß es sie gar nicht gibt und daß Gyromitrin (eine Substanz völlig anderer Zusammensetzung) und dessen Zerfallsprodukte Ursache der Vergiftung sind. Dieses Gyromitrin ist zwar wasserlöslich und hat einen hohen Dampfdruck, ist also leicht flüchtig; durch Abkochen oder Trocknen wird es jedoch nicht völlig entfernt.

Symptome der Vergiftung

Die Latenzzeit des Gifts beträgt mehrere Stunden. Die ersten Vergiftungserscheinungen sind Übelkeit, Erbrechen, Durchfall, Kopf- und Bauchschmerzen. Später kommt es zu hohem Fieber, Kreislaufstörungen, Gelbsucht und in schweren Fällen zu völligem Versagen der Leberfunktionen. Der Tod kann in 2 bis 4 Tagen eintreten.

Fliegenpilz und Pantherpilz-Syndrom

Wie die Bezeichnung des Krankheitsbildes bereits verrät, sind die Verursacher der Vergiftung die folgenden zu den Wulstlingen gehörenden Pilze:

Fliegenpilz
Amanita muscaria
Pantherpilz
Amanita pantherina

Selbst der Laie weiß, daß der Fliegenpilz giftig ist. Immer wieder hört und liest man aber, daß in manchen Gegenden Fliegenpilze unbeschadet verzehrt werden. Sei es, daß sie zuvor abgekocht werden und das Kochwasser weggeschüttet wird, sei es, daß man die Huthaut abzieht. Es ist angenommen worden, daß die verschiedenen in diesem Pilz enthaltenen Giftstoffe bei bestimmten Boden- und Witterungsverhältnissen in einem so ausgewogenen Gleichgewicht gebildet werden, daß sie sich gegenseitig in ihrer Wirkung aufheben. Tatsächlich enthält der Fliegenpilz mehrere Gifte, die in völlig verschiedener Weise das Nervensystem beeinflussen. Deshalb ist dringend davor zu warnen, solchen Geschichten Glauben zu schenken und etwa Experimente mit dem Genuß von Fliegenpilzen anzustellen.

Symptome der Vergiftung

Im Gegensatz zu den vorher beschriebenen Vergiftungen treten bei einer Fliegenpilz-Vergiftung die ersten Symptome bereits nach einer halben bis einer Stunde auf. Es kommt zu einer Beschleunigung des Herzschlages, zu Gefäßverengung und Bluthochdruck sowie zur Austrocknung der Schleimhäute. Übelkeit oder Brechreiz treten dagegen nur selten auf. Unverzügliche ärztliche Versorgung läßt den Patienten in der Regel schnell wieder genesen. Tödliche Vergiftungen durch diesen Pilz sind in letzter Zeit nicht mehr bekannt geworden.

Erst im letzten Jahrzehnt wurde die Ibotensäure als Hauptgift des Fliegenpilzes isoliert und strukturell aufgeklärt. Sie ist mit etwa 0,05–0,1 % in den Fruchtkörpern enthalten, wirkt auf den Sympathicus und ist vor allem für die Rauschzustände verantwortlich, von denen die Fliegenpilzvergiftungen begleitet sind. Sie zeigen sich (wie nach dem Genuß großer Mengen Alkohols) durch Bewußtseinstrübungen, Halluzinationen, Sprach- und Bewegungsstörungen. Je nach Veranlagung des Betroffenen erlebt der eine bunte Träume, der andere verfällt in Tobsuchtsanfälle und Schreikrämpfe. Am Ende stehen Bewußtlosigkeit und erschöpfungsähnlicher Schlaf, der in der Regel bereits die Gesundung einleitet. Die Vergiftungen dauern selten länger als einen Tag. Allerdings können sie bei Kindern und bereits organisch geschädigten Personen unter Umständen den Tod zur Folge haben!

Der Fliegenpilz hat seinen Namen von einem alten Brauch. In ländlichen Gebieten legte man zur Eindämmung von sommerlichen Fliegenplagen abgeschnittene Fliegenpilzhüte in gesüßte Milch. Die Insekten, die davon naschten, waren nach kurzer Zeit betäubt

Die Vergiftungssymptome beim Verzehr des Pantherpilzes *(Amanita pantherina)* sind im wesentlichen die gleichen wie beim Fliegenpilz und treten ebenfalls bereits kurz nach dem Genuß auf. Denn diese Art enthält nahezu die gleichen Giftstoffe. Allerdings verlaufen die Erkrankungen wesentlich schwerer, und Todesfälle sind bekannt. Sammeln Sie deshalb braune Wulstlings-Arten erst, wenn Sie sie genau erkennen und unterscheiden können!

Keine andere Verwechslung von Speisepilz und giftigem Doppelgänger ist so häufig wie die von Perlpilz *(Amanita rubescens)* und Grauem Wulstling *(Amanita excelsa)* – beides gute Speisepilze – mit dem hochgiftigen Pantherpilz *(Amanita pantherina)*.

Muskarin – Syndrom

Der für das nachfolgende Krankheitsbild verantwortliche Giftpilz erscheint bereits im Frühjahr und kann mit dem Maipilz *(Calocybe gambosa)* verwechselt werden.

Ziegelroter Rißpilz
Inocybe erubescens

Außer ihm sind weitere Rißpilz-Arten bekannt, die ebenfalls sehr giftig sind. Auch einige weiße Trichterlings-Arten *(Clytocybe*-Arten) verursachen diese Vergiftungen.

Das Pilzgift Muskarin, das zuerst im Fliegenpilz festgestellt wurde, kommt im Ziegelroten Rißpilz in vielfach höherer Konzentration vor. Die verschiedenen Autoren sprechen von einer 20- bis 380-fachen Konzentration.

Symptome der Vergiftung
Die ersten Vergiftungserscheinungen treten eine halbe bis eine Stunde nach Genuß dieses Pilzes auf: Kalter Schweiß, Verlangsamung des Herzschlages, Blutdruckabfall, Pupillenverengung, Atemnot und krampfartige Magenschmerzen sind die Symptome. Dazu stellen sich Übelkeit und Erbrechen ein.

Doch von diesem Pilz, bei dem bereits 50–100 g Frischmasse eine tödliche Giftdosis enthalten, sind Todesfälle aus der letzten Zeit nicht mehr bekannt geworden. Noch bei schwersten Vergiftungen konnten die Patienten durch schnelle und gezielte medizinische Versorgung gerettet werden.

Gastrointestinales Syndrom

Hier sind die Giftpilze zusammengefaßt, die eine Wirkung auf den Magen-Darmbereich haben (siehe S. 28 ff.). Zu ihnen gehören die meisten der bei uns vorkommenden giftigen Arten. Die Vergiftungserscheinungen treten meist bereits kurze Zeit nach dem Verzehr auf. Ihr Verlauf ist unterschiedlich, da die Arten zu verschiedenen Familien gehören und die verschiedensten Giftstoffe enthalten dürften. Im allgemeinen sind die Symptome Übelkeit, Schweißausbrüche, Erbrechen, Durchfall, begleitet von Kopf- und Leibschmerzen. Meist sind sie nach einem Tag, manchmal nach mehreren Tagen überstanden, ohne daß ernste Nachwirkungen auftreten.

Pilze und Alkohol (Coprinus – Syndrom)

Im allgemeinen braucht man beim Genuß eines Pilzgerichtes nicht auf ein Glas Wein oder Bier zu verzichten. Bei den folgenden Arten

Faltentintling
Coprinus atramentarius
Glimmertintling
Coprinus micaceus
Netzstieliger Hexenröhrling
Boletus luridus

tritt jedoch zusammen mit Alkohol eine eigenartige Vergiftung auf.

Wird vor, während oder auch nach dem Verzehr dieser Pilze Alkohol genossen, kommt es zu einer intensiven Rot- und Violettverfärbung des Gesichtes und der Brustpartien sowie zur Erweiterung der Pupillen. Nur Nasenspitze und Ohrläppchen bleiben weiß. Begleitet ist diese Hautverfärbung von Herzklopfen, Hitzegefühl und Pulsbeschleunigung. Sie verschwindet nach einiger Zeit wieder, erscheint aber, allerdings in zunehmend schwächer werdender Ausprägung, noch tagelang immer wieder, sobald erneut Alkohol getrunken wird!

Vergiftung durch den Kahlen Krempling

Kein Thema wird von erfahrenen Pilzsammlern so häufig diskutiert, wie die Frage der Giftigkeit des **Kahlen Kremplings *(Paxillus involutus).*** Galt diese Art – der „Speckpilz" der Westfalen – doch lange Zeit als hervorragender Speisepilz, dem viele sogar den Vorzug vor den Steinpilzen gaben. Daß er roh genossen zu heftigen Vergiftungen führt und deshalb bei der Zubereitung ausreichend lange und stark erhitzt werden muß, war bekannt. Trotzdem sind auch bei sachgemäßer Zubereitung immer wieder schwerste Erkrankungen und sogar Todesfälle vorgekommen, wobei die Betroffenen offenbar eine nicht näher bestimmbare „Überempfindlichkeit" gegen gewisse Inhaltsstoffe dieses Pilzes besaßen.

Inzwischen ist von medizinischer Seite eindeutig bewiesen, daß der Kahle Krempling auch vorschriftsmäßig zubereitet giftig ist und daß seine Gefährlichkeit auf einem außerordentlich komplizierten Mechanismus beruht, der bislang bei Pilzen unbekannt war. Der Pilz enthält nämlich keine Giftstoffe im eigentlichen Sinne, sondern nicht näher bekannte Substanzen, die im menschlichen Blut zur Bildung von Antikörpern führen. Fremdstoffe, die in einem Organismus die Bildung von Antikörpern auslösen, nennt man Antigene. Antikörper und Antigene bilden komplexe Verbindungen, die von anderen Zellen unseres Immunsystems abgebaut werden – womit auch die Fremdstoffe unschädlich werden.

Die Antigene des Kahlen Kremplings bilden nun Antigen-Antikörperkomplexe, in die auch die roten Blutkörperchen einbezogen und dabei zerstört werden. Zudem werden die Komplexe nicht abgebaut, und bei jeder Kremplingsmahlzeit kommen neue hinzu – sie addieren sich also nach und nach. Die Folge: Immer mehr rote Blutkörperchen verklumpen und lösen sich auf, so daß der rote Blutfarbstoff aus ihnen austritt (Hämolyse). Je nach Veranlagung der einzelnen Personen kommt es schließlich nach mehr oder minder langem und regelmäßigem Genuß dieser Pilze zu Erkrankungen – Gelbsucht, Anämie – und zu Todesfällen.

Auch wenn alte Pilzhasen immer wieder sagen, daß der Kahle Krempling eßbar ist und von vielen Menschen jahrzehntelang unbeschadet gegessen wurde (und noch gegessen wird!), seine Gefährlichkeit ist eindeutig bewiesen, Todesfälle sind bekannt, und aus der Liste der eßbaren Pilze ist diese Art in Deutschland längst gestrichen. Die Vergiftungssymptome sind Übelkeit, Erbrechen, Durchfall, Leibschmerzen, Schüttelfrost und Juckreiz. Der Erkrankte hat hohes Fieber, und es kommt zu Kreislaufstörungen, Gelbsucht und Nierenschädigungen.

Roh giftige Pilze

Es gibt eine ganze Reihe von Pilzen, die roh genossen unbekömmlich und zum Teil sogar sehr giftig sind, deren Giftstoffe jedoch unter dem Einfluß höherer Temperaturen zerstört werden. Ausreichend erhitzt sind diese Arten oft sogar Speisepilze. Diese Erscheinung kennt man auch aus dem übrigen Pflanzenreich. Manche Gemüsesorten und tropischen Früchte müssen ebenfalls vor dem Genuß gegart werden.

Generell sind Pilze schwer verdaulich, insbesondere im rohen Zustand. Deshalb sollten sie immer nur nach langem und starkem Erhitzen verzehrt werden. Die häufigsten Giftpilze und solche, die nur roh giftig oder unbekömmlich sind, finden Sie in der folgenden Tabelle.

Die häufigsten Giftpilze

Art	Latenzzeit	Beschreibung/Seite
Phalloides-Syndrom		
Grüner Knollenblätterpilz *Amanita phalloides*	6–20 h	185
Frühlingsknollenblätterpilz *Amanita verna*	6–20 h	185
Kegelhütiger Knollenblätterpilz *Amanita virosa*	6–20 h	186
einige Schirmlings-Arten *Lepiota*-Arten		–
Orellana-Syndrom		
Orangefuchsiger Rauhkopf *Cortinarius orellanus*	3–14 Tage!	(22)
Spitzbuckliger Rauhkopf *Cortinarius speciosissimus*	3–14 Tage!	(22)
Gyromitra-Syndrom		
Frühjahrslorchel *Gyromitra esculenta*	4–8 h	102
Fliegenpilz- und Pantherpilz-Syndrom		
Pantherpilz *Amanita pantherina*	1/2–2 h	189
Fliegenpilz *Amanita muscaria*	1/2–2 h	191
Muskarin-Syndrom		
Ziegelroter Rißpilz *Inocybe erubescens*	1/2–2 h	216
über 20 weitere Rißpilz-Arten *Inocybe*-Arten	1/2–2 h	–
mehrere weiße Trichterlings-Arten *Clitocybe*-Arten	1/2–2 h	–

Die häufigsten Giftpilze (Fortsetzung)

Art	Latenzzeit	Beschreibung/Seite
Gastrointestinales Syndrom		
Satansröhrling *Boletus satanas*	1/2–2 h	145
Karbolegerling, Weißer Giftchampignon *Agaricus xanthoderma*	1/2–2 h	200
Porphyrbrauner Wulstling *Amanita porphyria*	1/2–2 h	187
Spitzschuppiger Mehlschirmling *Lepiota aspera*	1/2–2 h	196
Grünblättriger Schwefelkopf *Hypholoma fasciculare*	1/2–2 h	211
Rettichhelmling *Mycena pura*	1/2–2 h	177
Riesenrötling *Entoloma sinuatum*	1/2–2 h	178
Weißer Frühjahrsgiftrötling *Entoloma niphoides*	1/2–2 h	182
Tigerritterling *Tricholoma pardalotum*	1/2–2 h	169
Schwefelritterling *Tricholoma sulphureum*	1/2–2 h	168
weitere Ritterlings-Arten *Tricholoma*-Arten	1/2–2 h	–
Birkenreizker *Lactarius torminosus*	1/2–2 h	232
Bruchreizker, Maggipilz *Lactarius helvus*	1/2–2 h	236
Speitäubling *Russula emetica*	1/2–2 h	226
Kartoffelbovist *Scleroderma citrinum*	1/2-2 h	246
Blasse Koralle *Ramaria mairei*	1/2–2 h	–
Dreifarbige Koralle, Schöne Koralle *Ramaria formosa*	1/2–2 h	114

Die häufigsten Giftpilze (Fortsetzung)

Art	Latenzzeit	Beschreibung/Seite
Coprinus-Syndrom		
Faltentintling *Coprinus atramentarius*	1/2–4 h (Symptome noch innerhalb von 10 Tagen wiederkehrend, sobald Alkohol getrunken wird!)	204
Glimmertintling *Coprinus micaceus*	1/2–4 h (siehe Faltentintling)	206
Netzstieliger Hexenröhrling *Boletus luridus*	1/2–4 h (siehe Faltentintling)	145
Vergiftung durch den Kahlen Krempling		
Kahler Krempling *Paxillus involutus*	(Symptome treten u. U. erst viele Jahre nach regelmäßigem Genuß auf)	151
Roh giftige oder unbekömmliche Pilze		
Gelbbrauner Scheidenstreifling *Amanita fulva*		192
Grauer Scheidenstreifling *Amanita vaginata*		192
Perlpilz *Amanita rubescens*		188
Hallimasch *Armillaria mellea*		166
Flockenstieliger Hexenröhrling *Boletus erythropus*		143
Glattstieliger Hexenröhrling *Boletus queletii*		144
Nebelgrauer Röteltrichterling, Nebelkappe *Clitocybe nebularis*		159
Violetter Rötelritterling *Lepista nuda*		180

Die häufigsten Giftpilze (Fortsetzung)

Art	Latenzzeit	Beschreibung/Seite
Roh giftige oder unbekömmliche Pilze (Fortsetzung)		
Verschiedene Rötlinge *Entoloma*-Arten		–
Verschiedene Täublinge *Russula*-Arten		–
Verschiedene Milchlinge *Lactarius*-Arten		–

Sekundäre Pilzvergiftungen

Frische Pilze enthalten im Durchschnitt 2,5 bis 3,5 % Eiweiß. Wie bei Fleisch und Fisch ist es in der Wärme und im Alter schnellen Zersetzungsprozessen unterworfen und kann dann zu schwersten Vergiftungen führen, die unter Umständen tödlich sind. In solchen Fällen, wo sich die Eiweißstoffe bei eßbaren Arten bereits zersetzt haben und zu Erkrankungen führen, spricht man von Sekundärvergiftungen. Leichtsinn und Unachtsamtkeit sind die häufigsten Ursachen für solche Vergiftungsfälle. Deshalb hier ein paar Verhaltensregeln zum richtigen Umgang mit Pilzen:

- Sammeln Sie keine zu alten, vermadeten, zerfressenen oder nach längerem Regen durchwässerten und angeschimmelten Pilze. Sie sind für Nahrungszwecke völlig ungeeignet. In ihnen können bereits Eiweißzersetzungen eingetreten sein.
- Sammeln Sie keine Pilze, die nach Frösten wieder aufgetaut sind.
- Verwenden Sie zum Sammeln und Transport keine Plastiktüten oder ähnliche luftundurchlässigen Behältnisse! In Kunststoffbeuteln werden die Pilze nicht nur unansehnlich und zerdrückt, sondern durch die weiter ablaufenden Stoffwechselprozesse, bei denen fortwährend Wasser und Wärme frei wird, auch naß und stark erhitzt. Dadurch wird die Eiweißzersetzung beschleunigt! Machen Sie selbst einmal den Versuch und bewahren Sie Pilze über einige Stunden in einem Platikbeutel auf. Fühlen Sie dann mit der Hand in das Sammelgut. Sie werden sich wahrscheinlich wundern, welche Temperaturen in dem Beutel herrschen!
- Prüfen Sie Pilze intensiv, bevor Sie sie einpakken: Einige Röhrlings-Arten – Maronenröhrling, Ziegenlippe und Rotfußröhrling mit ihren Verwandten – werden häufiger als andere Pilze von einem Schimmelpilz (dem Goldschimmel) befallen. Dieser zersetzt ebenfalls das Eiweiß seiner Wirte. Zunächst kaum erkennbar (und deshalb auch für den Sammler so gefährlich) verwandelt er die befallenen Röhrlinge schließlich in einen goldgelben, stinkenden Brei. Durch den Goldschimmel befallene Pilze haben schon des öfteren zu schweren Vergiftungen geführt. Vor einer Reihe von Jahren haben angeschimmelte Ziegenlippen, noch dazu von einer gewerbsmäßigen Pilzsammlerin auf einem Markt verkauft, bei einer Familie in Niedersachsen mehrere Todesopfer gefordert!

Pilze, die bereits Frost abbekommen haben, sollte man nicht mehr essen

- Schließlich können derartige Eiweißvergiftungen auch bei Pilzmahlzeiten auftreten, die unsachgemäß oder zu lange gelagert und dann wieder aufgewärmt werden. Bei kühler Lagerung in gutschließenden Gefäßen kann ein Pilzgericht bedenkenlos am nächsten Tag nochmals aufgewärmt werden. Man achte jedoch darauf, daß die Pilze nicht in Metallgefäßen zubereitet oder gelagert worden sind (Ausnahme Edelstahl)!

Allergien

Manche Menschen zeigen eine Überempfindlichkeit gegen bestimmte Lebensmittel, das können auch Pilze sein. Grundsätzlich können derartige allergische Reaktionen bei jeder Pilzart auftreten. Am häufigsten kommen sie beim Hallimasch und bei der Nebelkappe vor. Die Folge sind in der Regel Hautveränderungen und Nesselfieber, aber auch allergisches Asthma oder Kreislaufstörungen.
Wenn Sie diese Arten zum ersten Mal sammeln und essen, bereiten Sie deshalb sicherheitshalber nur eine kleine Portion zu, und überprüfen Sie, ob sie Ihnen bekommt. Und noch ein Tip für die Küchenexperten: Jeder, der alle Kochkünste aufgeboten hat, um aus der Ausbeute einer „Pilzjagd" eine kulinarische Köstlichkeit zu zaubern, ist grenzenlos enttäuscht, wenn die Familie oder Gäste bei Tisch nicht begeistert sind. Dennoch: Drängen Sie niemanden zum Zugreifen!

Chemikalien in Pilzen

Herbizide und Insektizide

Unkraut- und Schädlingsbekämpfungsmittel werden heute in großem Maße in der Land- und Forstwirtschaft angewendet. Der Pilzsammler kann daher nie sicher sein, ob in dem Waldgebiet oder auf der Weide, wo er die schönsten Speisepilze findet, nicht zuvor gespritzt worden ist.

Diese chemischen Bekämpfungsmittel können natürlich in den Konzentrationen, in denen sie auf frisch behandelten Flächen vorliegen, erheblich giftig sein! Achten Sie also unbedingt darauf, ob und wann in Ihrem Sammelrevier eine Anwendung derartiger Stoffe stattgefunden hat. Nur in den wenigsten Fällen werden diese Flächen nämlich gekennzeichnet.

Ganz versierte Feinschmecker wissen, daß Pilze am besten schmecken, wenn sie zwar gut gesäubert, aber nicht abgewaschen werden. Diesen Genuß können wir uns leider heute nicht mehr leisten! Die Gefahr der Schädigung durch Herbizide und Insektizide ist viel zu groß, als daß man auf gründliches Waschen der Pilze verzichten könnte!

Schwermetallspuren und radioaktive Substanzen

In den letzten Jahren häufen sich die Meldungen aus vielen Teilen Mitteleuropas, nach denen in wildwachsenden Pilzen Schwermetallverbindungen – Cadmium, Quecksilber und Blei – nachgewiesen wurden. Die festgestellten Werte überschreiten zum Teil erheblich die durch internationale Vereinbarungen empfohlenen Höchstwerte für Lebensmittel. Es ist allgemein bekannt, daß diese Schwermetalle bei Mensch und Tier zu schweren Gesundheitsstörungen führen können, wenn sie in zu hoher Konzentration aufgenommen werden.

Bei Pilzen, die in der Nähe von Äckern wachsen, ist Vorsicht geboten, auch wenn die Verlockung – wie bei diesen wunderschönen Wiesenchampignons – sehr groß ist

Eigentümlich ist dabei, daß sie auch in Pilzen aus Gebieten mit geringer Umweltbelastung festgestellt wurden. Man hat daraus abgeleitet, daß Pilze in der Lage sind, diese im Boden in Spuren allgegenwärtigen Elemente aufzunehmen, in ihren Fruchtkörpern abzulagern und dadurch anzureichern. Pilzart, Boden-, Wasser- und Witterungsverhältnisse, Wachstumsgeschwindigkeit der Fruchtkörper und deren Alter spielen offenbar eine wesentliche Rolle bei der Aufnahme der Schwermetalle. Das erklärt auch, warum man bei allen bisher durchgeführten Untersuchungen zu sehr unterschiedlichen und unübersichtlichen Ergebnissen gekommen ist.

Anlaß zu ernster Beunruhigung ist bislang nicht vorhanden. Vorsorglich hat das Bundesgesundheitsministerium die Bevölkerung informiert und gibt den Rat, pro Woche nicht mehr als ein bis zwei Mahlzeiten Wildpilze zu sich zu nehmen, wobei jeweils etwa 250 g Pilze verwendet werden können. Trotz der Tatsache, daß Pilze auch radioaktive Substanzen in sich anreichern, muß laut Bundesgesundheitsministerium kein Pilzsammler auf eine leckere Pilzmahlzeit verzichten. Erst wer mehr als 100 kg Pilze pro Jahr verzehrt, erreicht die von der Internationalen Strahlen-Schutzkommission als Höchstgrenze veranschlagte Radioaktivität.

Verhalten bei Pilzvergiftungen

Die Symptome einer echten oder sekundären Pilzvergiftung können, wie bereits detailiert erläutert, sehr unterschiedlicher Natur sein. Die einen machen sich bereits kurze Zeit nach der Mahlzeit bemerkbar – andere, und das sind die gefährlichsten, erst Stunden oder gar Tage später. Erste Anzeichen sind Magenschmerzen, Erbrechen, Übelkeit, Durchfall, Schwäche, Schwindel, Schweißausbruch, Kreislaufstörungen oder auch Rauschzustände. Treten diese Symptome nach dem Genuß von Pilzen auf, so ist schnellstmöglich ein Arzt zu rufen!

Bis dieser eintrifft, können Sie folgendes tun:

- Der Patient sollte versuchen, sich zu übergeben.
- Putzreste der verwendeten Pilze, eventuelle Überbleibsel der Mahlzeit und das Erbrochene des Kranken unbedingt aufheben! Daraus kann mittels mikroskopischer Untersuchungen auf die Pilzart geschlossen werden. Denn von entscheidender Wichtigkeit für eine wirksame Behandlung der Vergiftung ist die Kenntnis, welche Pilze gegessen wurden!
- Der Kranke darf auf keinen Fall Alkohol trinken! Der würde bewirken, daß die Giftstoffe noch schneller ins Blut gelangen.

Vorkommen der Pilze

Pilze wachsen überall in Wald und Flur, in Gärten und Parks, unter Hecken und Gebüschen. Bis über die Baumgrenze der Hochgebirge hinaus findet man sie ebenso wie in den Niederungen der Flußtäler. Sie folgen dem Menschen aber auch in die Stadt- und Industrielandschaft, besiedeln kleinste Rasenflächen in Großstadtzentren, auf Müllkippen oder Fabrikgeländen und dringen sogar in die Schächte der Bergwerke vor. In den Trümmerfeldern zerbombter deutscher Städte sammelte die Bevölkerung in den ersten Nachkriegsjahren Morcheln, die dort üppig gediehen. Gar mancher Blumenfreund wird sich schon gewundert haben, wenn im Topf seines Gummibaumes eines Tages kleine Tintlinge oder Schirmpilze auftauchten. In Gewächshäusern können Pilze mitunter sogar zur Plage werden. In den feuchten Kellern alter Bauten richtet der

Nach kühlen und feuchten Sommern ist die Ausbeute besonders gut – hier ein ergiebiger Steinpilz-Fund

Hausschwamm große Schäden an, da er die Holzbalken zerstört.

Die Aufzählung von Standorten, an denen man Pilze finden kann, ließe sich noch nahezu endlos fortsetzen. Auch die Jahreszeit, in der Pilze wachsen, ist nicht nur auf den Herbst beschränkt, wie viele Laien glauben. Natürlich ist die Artenfülle in den anderen Jahreszeiten nicht so groß; dennoch beginnt das Pilzjahr am 1. Januar und endet am 31. Dezember.
Bereits im Winter gibt es köstliche Speisepilze. Im Frühjahr erlebt man in guten Jahren einen ersten Höhepunkt des Pilzwachstums und könnte sich schon bequem fürs ganze Jahr eindecken. Ende Mai ebbt die Fülle ab, und auch die Sommermonate sind oft weniger pilzreich. Spätsommer und Herbst sind die Hauptsaison; die Zahl der Arten und Individuen ist dann schier unübersehbar. Auch der Spätherbst bringt noch reiche Ausbeute. Damit ist der Jahreskreis geschlossen, und mit den ersten milden Wintertagen geht es wieder auf die Suche nach Winterpilzen.

Die Frage nach dem Vorkommen der Pilze muß man also näher differenzieren: wann wachsen welche Pilze und wo wachsen welche Pilze?

Wann gibt es welche Pilze?

Von entscheidendem Einfluß auf die Bildung der Fruchtkörper ist die Witterung, und zwar nicht nur die gerade herrschende, sondern ebenso die vorausgegangene. Nach einem langen, schneereichen Winter oder nach einem sehr trockenen Sommer findet man die Pilze zu anderen Zeiten als nach einem milden Winter oder nassen Sommer. Feuchtigkeits- und Temperaturverlauf sind die Faktoren, die das Pilzwachstum sowohl zeitlich als auch mengenmäßig entscheidend beeinflussen. Generell sind Jahre mit überdurchschnittlicher Niederschlagsmenge pilzreicher als trockene.

In einem zehnjährigen Beobachtungszeitraum in den Auwäldern der niederrheinischen Mittelterrasse wurden die ersten Morcheln einerseits schon um den 12. März und andererseits erst um den 9. Mai festgestellt. Das bedeutet einen Zeitunterschied von acht Wochen! Die Morcheln überdauern etwa einen Monat, und dann ist die Herrlichkeit vorbei.

Winter

Die Fruchtkörper von mehrjährigen Porlingen, von Schichtpilzen und Kernkeulen finden sich das ganze Jahr hindurch an Holz. Der Winterporling, einige Knäuelinge und der Spaltblättling bilden ihre Fruchtkörper im Winterhalbjahr an Laubholzüberresten und sind weit verbreitet. Sie sind jedoch für Speisezwecke unbrauchbar.

Pilzfreunde, die sich auch in der kalten Jahreszeit nicht abhalten lassen, ihre Reviere zu durchstreifen, finden jetzt die Überreste mancher Pilze und prägen sich die Fundorte für das nächste Jahr ein. Sie sehen zum Beispiel Boviste, die ausgesporten braunen Hüllen der Birnenstäublinge an alten Baumstümpfen, die unfruchtbaren Stiele der Flaschenstäublinge sowie die badeschwammartigen Überbleibsel der Riesenboviste. Die mumifizierten Fruchtkörper der Schwarztäublinge finden sich ebenfalls überall in den winterlichen Wäldern. Sie alle sind jetzt natürlich nicht mehr verwendbar. Aber es locken auch zwei hervorragende Speisepilze hinaus in die winterliche Landschaft – der Austernseitling und der Samtfußrübling. Ihre Fruchtkörper bilden sich vom späten Herbst bis zum Frühjahr, sofern die Witterung mild genug ist.

Der Austernseitling, *Pleurotus ostreatus,* ist überall im Laubwald zu Hause. Besonders gern besiedelt er abgestorbenes Buchenholz. In Frostrissen alter, hundertjähriger Buchen steigt er oft meterhoch von unten her in dichten Kolonien auf, und ein einziger Stamm versorgt uns in der pilzarmen Zeit für Wochen mit Frischpilzen. In der rheinischen Tiefebene wird er vor allem an

Die Überbleibsel des Riesenbovists zeigen dem Pilzfreund einen lohnenden Fundort für das nächste Jahr

Pappeln, Weiden und Eschen gefunden. Es scheint, daß sein Vorkommen in windbegünstigter Umgebung von Betrieben, die ihn als „Kalbfleischpilz" züchten, ständig zunimmt.

Der Samtfußrübling, *Flammulina velutipes,* besiedelt mit Vorliebe weiche Laubhölzer wie Weide und Pappel. Im Volksmund auch Winterrübling genannt, ist er ein hervorragender Speisepilz, der vielerorts eifrig gesammelt wird. Er kann mit dem giftigen(!) Grünblättrigen Schwefelkopf verwechselt werden, der bei mildem Wetter gelegentlich auch im Winter Fruchtkörper bildet, genauso wie der ungenießbare Ziegelrote Schwefelkopf und Graublättrige Schwefelkopf. Letzterer ist ebenfalls ein guter Speisepilz, der jedoch nur an Nadelholzstümpfen erscheint. Einen Überblick über die Pilze im Winter gibt die Tabelle auf S. 40.

Frühjahr

Die Monate März bis Mai bringen einen ersten Höhepunkt des Pilzjahres (siehe Tabelle S. 40 bis 42). Noch unter der schwindenden Schneedecke finden sich in höher gelegenen Wäldern die ersten Fruchtkörper des Märzschnecklings. In der Ebene findet man diesen schmackhaften Speisepilz nicht.

Im Frühling zeigt der Buchenwald die größte Artenvielfalt an Blütenpflanzen

Ein weitverbreiteter Frühjahrspilz, der vor allem in sandigen Kiefernwäldern gefunden wird, aber auch auf Laubholzmulm vorkommt, ist die Frühjahrslorchel. Diese Art wurde früher als Marktpilz vor allem in den östlichen Gebieten Deutschlands angeboten. Heute wissen wir, daß sie auch bei „vorschriftsmäßiger" Zubereitung tödlich giftig sein kann (siehe S. 23). Von der Liste der Speisepilze ist sie längst gestrichen.

An verrottetem Holz findet man den Rehbraunen Dachpilz, einen guten Speisepilz. Die ersten Stockschwämmchen erscheinen, dazu Becherlinge, Weichritterlinge, Raslinge, Ackerlinge und Rötlinge. Glimmertintling und Faltentintling, beide in Verbindung mit Alkohol giftig, bilden die ersten Fruchtkörper aus. Schwefelporlinge und die riesigen Konsolen des Schuppigen Porlings leuchten einem bereits von weitem entgegen. Nach seinem Vorkommen am Georgstag wird der Maipilz auch Georgsritterling genannt. Mit ihm und an gleicher Stelle finden sich die ersten Ziegelroten Rißpilze, die zu den giftigsten in unserer Heimat gehören. Wer Glück hat, kann bereits die ersten Stadtchampignons einsammeln, darf sie aber auf keinen Fall mit dem Frühlingsknollenblätterpilz verwechseln.

Bei den im Frühjahr erscheinenden Pilzen muß man unterscheiden zwischen solchen Arten, die ihre Fruchtkörper ausschließlich zu dieser Zeit entwickeln, und denen, die dann weiter bis in den Herbst hinein vorkommen.

Sommer

Bei ausreichender Feuchtigkeit und Wärme gibt es bereits Ende Mai eine erste Welle von Röhrlingen und Täublingen. In sehr trockenen Sommern dagegen wird man oft enttäuscht und mit leerem Korb von seinen Wanderungen zurückkehren. In den meisten Fällen sind die Monate Juni, Juli und August doch recht warm und niederschlagsarm. Der Waldboden trocknet aus, und bis auf die auf Holz wachsenden Pilze findet sich kaum etwas.

Ist der Sommer aber verregnet, dann ist die Zahl der verschiedenen Pilzarten auch in der warmen Jahreszeit bereits so groß, daß sie im einzelnen nicht mehr genannt werden können.

Alle Arten, die man bei günstigen Bedingungen im Sommer findet, bilden ihre Fruchtkörper bis in den Herbst hinein.

Die Tabelle auf S. 42/43 nennt nur einige besonders markante Arten, die im Sommer vorkommen. Ebenso finden sich noch Nachzügler der Frühjahrspilze, ganzjährig Fruchtkörper bildende Arten und bei günstiger Witterung alle Herbstpilze.

In den kühlen und feuchten Auwäldern kann man auch im Sommer Pilze finden

Herbst

Jetzt ist der Höhepunkt der Pilzsaison erreicht! Zunehmende Nachttaubildung sorgt für gleichmäßige Feuchtigkeit im Boden und läßt die Pilze nun wirklich „wie Pilze aus dem Boden schießen".

Artenreichtum und Individuenzahl werden von keiner anderen Jahreszeit überboten. In diesen Wochen geht der Pilzfreund nicht auf Pilzsuche, sondern in der Tat zum Sammeln. Nicht selten werden bei Exkursionen und Lehrwanderungen an die hundert verschiedene Arten gefunden. Der Pilzexperte hat kaum Zeit genug, all die Seltenheiten zu studieren, die ihm ins Haus gebracht werden. Stellvertretend für die Pilzflut der Herbstmonate soll eine Art wegen ihres Massenvorkommens, ihrer Verbreitung und Beliebtheit erwähnt werden: Jetzt ist die Zeit des Hallimasch. Wohl kein anderer Pilz wird so eifrig gesammelt wie er!

Für den Herbst die wichtigsten Arten in einer Tabelle aufzuführen, ist unmöglich! Sie würde Seiten füllen.

Im Spätherbst zeigt der Buchenwald sein farbigstes Bild, und jetzt gibt es auch die meisten Pilze

Spätherbst

Wenn sich im Oktober und November auch tagsüber der Nebel nicht mehr auflösen will und sich die Nachttemperaturen bereits dem Nullpunkt nähern, findet sich als letzte Pilzgeneration des Jahres teils im Wald, teils auf Wiesen und Weiden eine Reihe von Arten, deren Auftreten für diese Jahreszeit typisch ist. Auch unter ihnen gibt es noch eine ganze Anzahl hervorragender Speisepilze (siehe Tabelle S. 44).

Außerdem kann man jetzt auch Samtfußrübling und Austernseitling finden, die als Speisepilze der Winterzeit bereits erwähnt wurden.

Pilze im Winter

Art	Wann	Wo	Wert	Beschreibung/Seite
Winterporling *Polyporus brumalis*	Oktober bis Mai	Laubholz-reste	ungenießbar	124
Austernseitling *Pleurotus ostreatus*	Herbst bis Frühjahr	Laubholz	eßbar	172
Samtfußrübling *Flammulina velutipes*	Herbst bis Frühjahr	Laubholz	eßbar	165
Grünblättriger Schwefelkopf *Hypholoma fasciculare*	ganzjährig	an allen Holzarten	giftig	211
Ziegelroter Schwefelkopf *Hypholoma lateritium*	Herbst bis Winter	Laubholz	ungenießbar	212
Graublättriger Schwefelkopf *Hypholoma capnoides*	Herbst bis Frühjahr	Nadelholz	eßbar	212

Pilze im Frühjahr

Art	Wann	Wo	Wert	Beschreibung/Seite
Märzschneckling *Hygrophorus marzuolus*	Februar bis Mai	Nadel- und Laubwald	eßbar	155
Spitzmorchel *Morchella conica*	April bis Mai	Waldränder Gebüsch	eßbar	105
Speisemorchel *Morchella esculenta*	April bis Mai	Auwälder	eßbar	104
Käppchenmorchel *Mitrophora semilibera*	März bis Mai	Auwälder	eßbar	106
Frühjahrslorchel *Gyromitra esculenta*	März bis Mai	Nadelwald Holzmulm	giftig	102
Blasiger Becherling *Peziza vesiculosa*	Frühjahr bis Herbst	fetter Boden	ungenießbar	99
Morchelbecherling *Disciotis venosa*	März bis Mai	Auwälder Gebüsche	eßbar	99
Anemonenbecherling *Dumontiona tuberosa*	März bis Mai	Auwälder Gebüsche	ungenießbar	100

Pilze im Frühjahr (Fortsetzung)

Art	Wann	Wo	Wert	Beschreibung/Seite
Rehbrauner Dachpilz *Pluteus cervinus*	Frühjahr bis Herbst	moderndes Holz	eßbar	183
Stockschwämmchen *Kuehneromyces mutabilis*	Frühjahr bis Herbst	totes Laubholz	eßbar	216
Kurzstieliger Weichritterling *Melanoleuca brevipes*	Frühjahr bis Sommer	Wälder Grasplätze	eßbar	171
Frühlingsweichritterling *Melanoleuca cognata*	Frühjahr bis Sommer	Nadelwald	eßbar	170
Gepanzerter Rasling *Lyophyllum loricatum*	Frühjahr bis Herbst	Wälder Gebüsche	eßbar	158
Voreilender Ackerling *Agrocybe praecox*	April bis Juli	Wälder Ackerraine	eßbar, bald bitter	209
Schlehenrötling *Entoloma saepium*	April bis Juni	Gebüsche Gärten	eßbar	178
Schildrötling *Entoloma clypeatum*	April bis Juni	Gebüsche Hecken	eßbar, roh unbekömmlich	182
Weißer Frühjahrsgiftrötling *Entoloma niphoides*	April bis Juni	Gebüsche Gärten	giftig	182
Schwefelporling *Laetiporus sulphureus*	Frühjahr bis Herbst	Laubholz	eßbar, roh unbekömmlich	127
Schuppiger Porling *Polyporus squamosus*	Frühjahr bis Herbst	Laubholz	eßbar	122
Maipilz *Calocybe gambosa*	April bis Juli	lichte Wälder Gebüsche	eßbar	158
Ziegelroter Rißpilz *Inocybe erubescens*	Frühjahr bis Sommer	Wälder Gebüsche	giftig	216
Stadtchampignon *Agaricus bitorquis*	Mai bis Herbst	Gebüsche Wegränder	eßbar	197
Faltentintling *Coprinus atramentarius*	Frühjahr bis Herbst	Gebüsche fetter Boden	eßbar, mit Alkohol giftig	204
Glimmertintling *Coprinus micaceus*	Frühjahr bis Herbst	morsches Holz	eßbar, mit Alkohol giftig	206

Pilze im Frühjahr (Fortsetzung)

Art	Wann	Wo	Wert	Beschreibung/Seite
Frühlingsknollenblätterpilz *Amanita verna*	ab Frühjahr	Wälder	giftig	(s. unter Grüner Knollenblätterpilz) 185
Fingerhutverpel *Verpa conica*	April bis Juni	lichte Wälder	eßbar	107
Hochgerippter Becherling *Paxina acetabulum*	Mai bis Juni	Wälder Wege	ungenießbar	101

Pilze im Sommer

Art	Wo	Wert	Beschreibung/Seite
Sommersteinpilz *Boletus reticulatus*	unter Eichen	eßbar	148
Flockenstieliger Hexenröhrling *Boletus erythropus*	Laub- und Nadelwald	eßbar, roh giftig	143
Birkenrotkappe *Leccinum versipelle*	Heidegebiete unter Birken	eßbar	150
Schwarzblauender Röhrling *Boletus pulverulentus*	Laub- und Nadelwald, besonders unter Eichen	eßbar	142
Maronenröhrling *Xerocomus badius*	Laub- und Nadelwald	eßbar	141
Pfifferling *Cantharellus cibarius*	Laub- und Nadelwald	eßbar	116
Perlpilz *Amanita rubescens*	Laub- und Nadelwald	eßbar, roh unbekömmlich	188
Grauer Wulstling *Amanita excelsa*	Laub- und Nadelwald	eßbar	190
Grauer Scheidenstreifling *Amanita vaginata*	Laub- und Nadelwald	eßbar, roh giftig	192
Gelbbrauner Scheidenstreifling *Amanita fulva*	Laub- und Nadelwald	eßbar, roh giftig	192

Pilze im Sommer (Fortsetzung)

Art	Wo	Wert	Beschreibung/Seite
Grüner Knollenblätterpilz *Amanita phalloides*	Laub- und Nadelwald, besonders unter Eichen	giftig	185
Kahler Krempling *Paxillus involutus*	alle Wälder, Parks und Gärten	giftig	151
Riesenrötling *Entoloma sinuatum*	Laubwald, Gebüsche	giftig	178
Champignon-Arten *Agaricus*-Arten	Wiesen, Weiden, Wälder	eßbar (außer 2 Arten)	–
Rötlicher Lacktrichterling *Laccaria laccata*	Laub- und Nadelwald	eßbar	160
Violetter Lacktrichterling *Laccaria amethystina*	Laub- und Nadelwald	eßbar	161
Nelkenschwindling *Marasmius oreades*	an grasigen Plätzen in Wald und Flur	eßbar	176
Knoblauchschwindling, Echter Mousseron *Marasmius scorodonius*	an grasigen Plätzen, in Wäldern	eßbar	177
Riesenbovist *Langermannia gigantea*	Auwälder, Parks, Weiden	eßbar	240
Kartoffelbovist *Scleroderma citrinum*	Laub- und Nadelwald	giftig	246
Stinkmorchel *Phallus impudicus*	Laub- und Nadelwald Gebüsche	ungenießbar	242
Verschiedene Täublinge *Russula*-Arten	Laub- und Nadelwald	unterschiedlich, z. T. giftig	–
Verschiedene Milchlinge *Lactarius*-Arten	Laub- und Nadelwald	unterschiedlich, z. T. giftig	–

Pilze im Spätherbst

Art	Wo	Wert	Beschreibung/Seite
Nebelgrauer Röteltrichterling, Nebelkappe *Clitocybe nebularis*	Laub- und Nadelwald	eßbar, Vorsicht bei Allergien	159
Mönchskopf *Clitocybe geotropa*	Wälder und Gebüsche	eßbar	160
Verschiedene Trichterlings-Arten *Clitocybe*-Arten	Laub- und Nadelwald	unterschiedlich, z. T. GIFTIG!	–
Violetter Rötelritterling *Lepista nuda*	Wälder und Gärten	eßbar, roh giftig	180
Lilastiel-Rötelritterling *Lepista saeva*	Wiesen und Weiden	eßbar	180
Pappelritterling *Tricholoma populinum*	bei Pappeln	eßbar	167
Schwarzfaseriger Ritterling *Tricholoma portentosum*	Nadelwald	eßbar	168
Frostschneckling *Hygrophorus hypothejus*	Kiefernwald	eßbar	156

Wo gibt es welche Pilze?

Jede Pflanzengesellschaft hat ihre eigene, ganz typische Pilzflora. Im Laubwald wachsen andere Arten als in einer Kiefernheide, auf Wiesen und Weiden andere als in Mooren. In Gebirgswäldern finden sich andere Pilze als in der Tiefebene Norddeutschlands. Die grobe Kenntnis der verschiedenen Pflanzengesellschaften ist daher für den Pilzsammler sehr wertvoll. Er wird schnell lernen, bestimmte Pilze nur in ganz bestimmten Waldtypen zu suchen. Denn in Laubwäldern bleibt beispielsweise die Suche nach Kuh- oder Sandröhrlingen erfolglos, ebensowenig findet man in Fichtenforsten Stockschwämmchen – sie wachsen nur an Laubholzstümpfen.

Allerdings gibt es auch Pilzarten, die sich offenbar überall und in nahezu allen Waldformationen wohl fühlen. Zu ihnen gehören zum Beispiel der Kahle Krempling und der Rotfußröhrling. Dann finden sich Arten, die ausgesprochene Nahrungsspezialisten – teilweise Parasiten – sind. Sie besiedeln unter anderem Insektenpuppen, Hornspäne, andere Pilzarten, Tierkot oder bestimmte Baumarten.

Viele Pilze stellen besondere Ansprüche an den Boden. Die einen bevorzugen Kalk, die anderen meiden diesen und brauchen saure Böden. Zuweilen reicht es aus, daß der Landwirt einen an den Wald angrenzenden Acker mit Kalkdünger bearbeitet, um für kalkliebende Pilze am Waldrand einen zusagenden Lebensraum zu schaffen. Typisches Beispiel für die Spezialisierung auf Bodenarten sind Butterröhrling und Körnchenröhrling. Beide sind Mykorrhizapilze der Kiefer, kommen also ausschließlich bei dieser Baumart vor. Doch wächst der Butterröhrling nur auf sauren Böden, während der Körnchenröhrling nur auf Kalkböden zu finden ist.

Auf den folgenden Seiten werden einige Pflanzengesellschaften mit den in ihnen vorkommenden Pilzen vorgestellt. Die tabellarische Aufzählung der Pilze (siehe S. 50–53) kann natürlich stets nur einen groben Überblick geben.

Kiefernwälder

Kiefernwälder finden sich in den verschiedensten Formen über ganz Deutschland verbreitet. Eiszeitliche Endmoränen, Sanddünen und die Sand- und Kiesablagerungen ehemaliger Urstromtäler mit ihren nährstoffarmen Böden bieten diesem anspruchslosen Baum ebenso einen Lebensraum wie Sandstein- und Kalksteinuntergrund. Wird die Kiefer auf besseren Böden angebaut, bedeckt bald ein undurchdringliches Farn- und Brombeerdickicht den Untergrund. Hier braucht man erst gar nicht nach Pilzen zu suchen. Der Standort sagt ihnen nicht zu.

Ganz anders dagegen in den Kiefernheiden, wo Moose und Flechten den kärglichen Sandboden überziehen, Glockenheide, Blaubeere und Preiselbeere gedeihen und die Wege von Birken gesäumt werden. Hier findet man bei günstiger Witterung Röhrlinge, Täublinge und Ritterlinge in Mengen. Die Lüneburger Heide oder die ausgedehnten Kiefernwälder im Norden von Berlin, die sich bis an die Ostseeküste erstrecken, sind solche Gebiete. Vor allem sind die Mykorrhizapilze der Kiefer vertreten. Natürlich bringen eingestreute Fremdbäume ebenfalls ihre typischen Begleiter mit. In Kiefernwäldern wachsen überall auch Birken. Unter diesen können der Birkenröhrling und andere an diesen Baum gebundene Pilzarten vorkommen.

Einen Überblick über die in Kiefernwäldern vorkommenden Pilze gibt die Tabelle auf Seite 50.

Fichtenwälder

In den Mittelgebirgen wurde die dort ursprünglich beheimatete Buche vielerorts durch ausgedehnte Fichtenforste ersetzt. Die Fichte wächst schneller und bringt dem Forstwirt bessere Erträge. Gepflanzte Fichtenhochwälder sind extrem lichtarm und haben deshalb kaum Unterwuchs. Der Boden besteht aus einer dicken Schicht Nadelstreu, die nur sehr langsam verrottet. Nur in der herbstlichen Pilzsaison wird der Pilzsammler in diesen Gebieten – dann allerdings oft reiche – Beute machen.

Anders verhält es sich mit jungen Fichtenforsten und -schonungen. Ihr Pilzreichtum ist oft verblüffend. Allerdings ist es kaum lohnend, in ihnen herumzukriechen und sich außer verschmutzter Kleidung auch noch Ärger mit dem Förster einzuhandeln. Es sind die Wald- und

Ein Kiefernwald – Birken säumen den sandigen Weg

In dichten Fichtenforsten sucht man vergeblich nach Pilzen

Die Lärche ist in den Gebirgen zu Hause

Wegränder, an denen man die schönsten Funde macht. Hier tropft das Regenwasser in größerer Menge von den Randbäumen auf den Boden und führt zu höherer Feuchtigkeit, während im Waldesinneren der Niederschlag durch das geschlossene Kronendach gleichmäßig verteilt wird. Wahre Pilzoasen schließlich sind die lichten, lockeren Fichtenwälder, wo junge und ältere Bäume nebeneinander wachsen. Das Licht dringt ungehindert bis auf den Boden, den eine üppige Moosdecke und Krautschicht bedeckt.

Eine Auswahl der in Fichtenwäldern wachsenden Pilzarten zeigt die Tabelle auf S. 51.

Lärchenwälder

Ausgedehnte Lärchenwälder gibt es nur in den Gebirgen. In neuerer Zeit hat man in Heidegebieten der Tiefebene den Versuch unternommen, Kiefernwälder durch Lärchenbestände aufzulockern. Einzeln kommt der Baum jedoch überall in unseren Wäldern vor und ist dann oft von seinen Mykorrhizapilzen begleitet, von denen hier nur die zwei wichtigsten genannt sein sollen:

Goldröhrling, *Suillus grevillei,* eßbar
Hohlfußröhrling, *Boletinus cavipes,* eßbar
Auf kalkhaltigen Böden wird die Lärche von weiteren Röhrlingen begleitet. Die übrigen bei ihr vorkommenden Arten sind weitgehend die gleichen wie in Fichtenforsten.

Buchenwälder

Von allen Laubbäumen unserer Heimat bildet die Buche die größten zusammenhängenden Waldgebiete. Buchenwälder sind in Norddeutschland in Küstennähe ebenso anzutreffen wie in den Mittelgebirgen.

Die Buche wächst auf saurem Boden ebensogut wie auf Kalk, Keuper oder Mergel. Allerdings unterscheiden sich die Wälder auf den verschiedenen Böden sehr voneinander. Während im Buchenwald auf sauren Böden nur eine geringe Krautschicht ausgebildet ist und der Boden von dichtem Fallaub bedeckt ist, zeigt sich auf basischen Böden bereits im Frühling ein üppiger Blumenschmuck. Buschwindröschen, Scharbockskraut und Lerchensporn bedecken

oft riesige Flächen. In diesen Wäldern kommen im Sommer vereinzelt sogar noch seltene Orchideen vor. Pilze gibt es in allen Buchenwaldformen in reicher Zahl, wobei auf kalkigen Böden zum Teil sehr seltene Arten gefunden werden.

Nur wenn das ausdauernde Bingelkraut alle anderen Bodendecker überwuchert hat, sollte der Pilzsucher lohnendere Reviere aufsuchen. Eine Auswahl der artenreichen Pilzflora des Buchenwaldes zeigt die Tabelle auf S. 52.

Mischwälder

Eichen, Eschen, Ulmen, Ahorn und viele andere Baumarten bilden in Deutschland keine eigenen Wälder. In verlandenden Mooren und Brüchen auf torfigem Untergrund dominieren bestenfalls Birken oder Erlen. Meist bilden diese Baumarten Mischwälder, in denen oft auch Nadelholzarten vertreten sind. So gibt es zum Beispiel im südwestdeutschen Raum ausgedehnte Eichen-Kiefernwälder, und in West- und Norddeutschland ist der Eichen-Hainbuchenwald auf besseren Böden verbreitet. Für den Pilzfreund sind derartige Mischwälder besonders interessant, denn jede Baumart bringt ihre speziellen Begleitpilze in die Waldgesellschaft ein. Die Artenzahl ist oft verblüffend groß, weil hier viele Pilze zusagende Bedingungen finden. Ein 10-Minuten-Spaziergang durch einen solchen „unaufgeräumten" Mischwald, bringt oft mehr Erfolg, als eine Tageswanderung durch einen „Staatsforst".

Die Pilzarten der Mischwälder aufzuzählen, würde Seiten füllen. Nur der Untergrund (ob sauer oder basisch) und die Höhenlage lassen manche Arten fehlen.

Auwälder

Entlang von Fluß- und Bachläufen hat sich mancherorts ein Laubmischwald besonderer Prägung gebildet. Eschen, Ulmen, Eichen, Pappeln, Erlen, Kirschen und Weiden bilden den Baumbestand dieser oft nur wenige hundert Meter breiten Gehölzstreifen. Ebenso artenreich wie der Baumbestand in diesen Anwäldern ist auch die Krautschicht, in der sich vor allem die Frühjahrsblüher hervortun. Veilchen, Anemone, Scharbockskraut, Lungenkraut, Aronstab, Bärlauch und Schlüsselblume verwandeln den Waldboden im Frühling in einen einzigen Blütenteppich. Leider sind diese ursprünglichen Wälder heute selten geworden. An ihrer Stelle werden Pappelauen gepflanzt, deren nährstoffhaltige, stickstoffreiche Böden sich mit unübersehbaren, undurchdringlichen Brennesselfeldern überziehen und wo der Holunder verschwenderisch gedeiht.

Auwälder sind die ursprünglichsten Wälder – vom Menschen am wenigsten beeinflußt

Eine Wanderung durch einen Auwald im Frühling ist für jeden Naturfreund ein Erlebnis. Auch der Pilzliebhaber kommt dabei auf seine Kosten; denn hier sind viele der typischen Frühjahrspilze beheimatet, allen voran die Morcheln (siehe auch Tabelle S. 53).

Um die brennesselbedeckten Pappelauen macht jeder zunächst einen großen Bogen und schüttelt höchstens verständnislos den Kopf, wenn ein angeblicher Kenner in das Dickicht eindringt. Taucht dieser dann allerdings wieder auf, in jedem Arm einen kopfgroßen Riesenbovist, wird das Vorurteil meist revidiert. Brennesseln und Pilze schließen einander nämlich absolut nicht aus! Im Gegenteil: an solchen stickstoffhaltigen Standorten findet sich eine ganze Reihe hervorragender Speisepilze. Im Frühjahr zum Beispiel, wenn die Nesseln noch niedrig sind und man diese Gebiete mühelos durchstreifen kann, bilden auch hier Maipilze ihre Fruchtkörper aus. Riesenboviste kann man ab Ende Mai bis zum Herbst auf diesem nährstoffreichen Boden finden. Am Niederrhein ist dieser Pilz alles andere als selten. Im Herbst 1976 wurde beispielsweise inmitten eines brennesselüberwucherten Pappelbestandes ein Hexenring von 59 Exemplaren gefunden, von denen die kleinsten kopfgroß waren!

Wiesen und Weiden

Auch außerhalb der Wälder findet man die verschiedensten Pilzarten nicht nur an Wegböschungen, Straßengräben, Gebüschen und Hekken, sondern auch auf Wiesen, Viehweiden und sogar auf Ackerflächen.

Selbst der Laie überwindet seine Vorsicht, wenn auf einer Pferdekoppel weiße Hüte von Champignons dicht an dicht im Grase stehen. Aber seine Skepsis erwacht auch sofort wieder, wenn sich die besonders derb und üppig geratenen Fruchtkörper beim Abschneiden und Anfassen gelb verfärben. Er kennt nicht den Unterschied zwischen Wiesenchampignon und Schafchampignon, ahnt nichts vom giftigen Karbolegerling und erst recht nichts von den hochgiftigen weißen Trichterlings-Arten, die auf derselben Weide wachsen können.

Die Zahl der auf Grasflächen vorkommenden Pilze beträgt zwar nur einen Bruchteil der Waldpilze, aber es gibt auch unter ihnen giftige Arten, die man mit eßbaren Vertretern verwechseln kann. Einen Überblick gibt die Tabelle auf S. 53.

Pilze in Industrie- und Wohngebieten

Wie bereits erwähnt, wachsen Pilze nicht nur in unberührter Natur, sie sind dem Menschen auch in Industrie- und Wohnlandschaften gefolgt. So ist es durchaus keine utopische Vorstellung, nach dem Sonntagsfrühstück im Vorgarten Schopftintlinge, Boviste und Nelkenschwindlinge für die Mittagssuppe abzuschneiden.

Auf solch saftigen Viehweiden finden sich nicht selten Champignons

Denn mit jeder Kiefer oder Fichte, mit jeder Birke und jedem Haselnußbusch finden die Begleitpilze dieser Baumarten geeignete Lebensbedingungen. Vor allem, wenn der Boden unter den Gehölzen nicht alle 14 Tage gehackt und Laub- und Nadelstreu nicht ständig abgerecht werden, können sich die Pilzmyzelien entwikkeln und ausbreiten. Dann steht eines Tages der erste Birkenröhrling auf dem Rasen unter der dekorativen Birkengruppe neben der Garage.

Für alle großen Grünflächen innerhalb von Städten gilt natürlich dasselbe. Auch hier finden viele Pilze die Bedingungen, die sie zu ihrer Entwicklung benötigen. In Parkanlagen und vor allem auf Friedhöfen findet man verschiedene Röhrlinge, Reizker und Ritterlinge. Auch auf 100 Quadratmetern Zierrasen, auf dem Spielfeld eines Sportplatzes oder in der grünen Umrandung eines Industrie- oder Verwaltungspalastes können Champignons, Nelkenschwindlinge oder Boviste vorkommen. Hier bilden sie nicht minder üppig Fruchtkörper aus als auf einer einsamen Pferdekoppel.

Pilze in Kiefernwäldern

Deutscher Name	Lateinischer Name	Wert	Beschreibung/Seite
Frühjahrslorchel	*Gyromitra esculenta*	giftig	102
Butterröhrling	*Suillus luteus*	eßbar, oft madig	137
Körnchenröhrling	*Suillus granulatus*	eßbar	137
Sandröhrling	*Suillus variegatus*	eßbar	139
Kuhröhrling	*Suillus bovinus*	eßbar	136
Kornblumenröhrling	*Gyroporus cyanescens*	eßbar	134
Ziegenlippe	*Xerocomus subtomentosus*	eßbar, oft verschimmelt	142
Gallenröhrling	*Tylopilus felleus*	ungenießbar	149
Flockenstieliger Hexenröhrling	*Boletus erythropus*	eßbar, roh giftig	143
Kahler Krempling	*Paxillus involutus*	giftig	151
Kupferroter Gelbfuß	*Chroogomphus rutilus*	eßbar	153
Grünling	*Tricholoma equestre*	eßbar	169
Apfeltäubling	*Russula paludosa*	eßbar	230
Speitäubling	*Russula emetica*	giftig	226
Ockertäubling	*Russula ochroleuca*	eßbar, aber oft scharf	222
Rotbrauner Milchling	*Lactarius rufus*	ungenießbar	239
Bruchreizker, Maggipilz	*Lactarius helvus*	giftig	236
Reifpilz	*Rozites caperatus*	eßbar	218
Frostschneckling	*Hygrophorus hypothejus*	eßbar	156
Gelblicher Knollenblätterpilz	*Amanita citrina*	giftig	186
Perlpilz	*Amanita rubescens*	eßbar, roh unbekömmlich	188
Grauer Wulstling	*Amanita excelsa*	eßbar	190
Pantherpilz	*Amanita pantherina*	giftig	189
Fliegenpilz	*Amanita muscaria*	giftig	191
Pfifferling	*Cantharellus cibarius*	eßbar	116
Falscher Pfifferling	*Hygrophoropsis aurantiaca*	eßbar, minderwertig	115
Krause Glucke	*Sparassis crispa*	eßbar	114
Kartoffelbovist	*Scleroderma citrinum*	giftig	246
An Holz			
Graublättriger Schwefelkopf	*Hypholoma capnoides*	eßbar	212
Grünblättriger Schwefelkopf	*Hypholoma fasciculare*	giftig	211
Hallimasch	*Armillaria mellea*	eßbar, roh giftig	166
Rötlicher Holzritterling	*Tricholomopsis rutilans*	eßbar	161

Pilze in Fichtenwäldern

Deutscher Name	Lateinischer Name	Wert	Beschreibung/Seite
Kegelhütiger Knollenblätterpilz	*Amanita virosa*	giftig	186
Gelblicher Knollenblätterpilz	*Amanita citrina*	giftig	186
Pantherpilz	*Amanita pantherina*	giftig	189
Perlpilz	*Amanita rubescens*	eßbar, roh unbekömmlich	188
Grauer Wulstling	*Amanita excelsa*	eßbar	190
Fliegenpilz	*Amanita muscaria*	giftig	191
Kleiner Waldchampignon	*Agaricus silvaticus*	eßbar	199
Großer Waldchampignon	*Agaricus haemorrhoidarius*	eßbar	200
Safranschirmling	*Macrolepiota rhacodes*	eßbar	194
Großer Gelbfuß	*Gomphidius glutinosus*	eßbar	155
Kahler Krempling	*Paxillus involutus*	giftig	151
Gefleckter Rübling	*Collybia maculata*	ungenießbar	163
Ockertäubling	*Russula ochroleuca*	eßbar, oft scharf	222
Brauner Ledertäubling	*Russula integra*	eßbar	228
Fichtenreizker	*Lactarius deterrimus*	eßbar	235
Brätling	*Lactarius volemus*	eßbar	238
Steinpilz	*Boletus edulis*	eßbar	147
Gallenröhrling	*Tylopilus felleus*	ungenießbar	149
Maronenröhrling	*Xerocomus badius*	eßbar	141
Flockenstieliger Hexenröhrling	*Boletus erythropus*	eßbar, roh giftig	143
Rotfußröhrling	*Xerocomus chrysenteron*	eßbar, oft verschimmelt	141
Ziegenlippe	*Xerocomus subtomentosus*	eßbar, oft verschimmelt	142
Pfifferling	*Cantharellus cibarius*	eßbar	116
Falscher Pfifferling	*Hygrophoropsis aurantiaca*	eßbar, minderwertig	115
Trompetenpfifferling	*Cantharellus tubaeformis*	eßbar	117
Habichts-Stacheling	*Sarcodon imbricatum*	eßbar	120
Schafporling	*Albatrellus ovinus*	eßbar	123
Goldgelbe Koralle	*Ramaria aurea*	eßbar, alt bitter	112
Flaschenstäubling	*Lycoperdon perlatum*	eßbar	245
Stinkmorchel	*Phallus impudicus*	ungenießbar	241
An Holz			
Graublättriger Schwefelkopf	*Hypholoma capnoides*	eßbar	212

Pilze in Buchenwäldern

Deutscher Name	Lateinischer Name	Wert	Beschreibung/Seite
Grüner Knollenblätterpilz	*Amanita phalloides*	giftig	185
Gelblicher Knollenblätterpilz	*Amanita citrina*	giftig	186
Perlpilz	*Amanita rubescens*	eßbar, roh unbekömmlich	188
Grauer Wulstling	*Amanita excelsa*	eßbar	190
Riesenrötling	*Entoloma sinuatum*	giftig	178
Breitblättriger Rübling	*Megacollybia platyphylla*	eßbar	164
Tigerritterling	*Tricholoma pardalotum*	giftig	169
Violetter Rötelritterling	*Lepista nuda*	eßbar, roh giftig	180
Mönchskopf	*Clitocybe geotropa*	eßbar	160
Nebelgrauer Röteltrichterling, Nebelkappe	*Clitocybe nebularis*	eßbar, Vorsicht bei Allergien	159
Grünfelderiger Täubling	*Russula virescens*	eßbar	224
Fleischroter Speisetäubling	*Russula vesca*	eßbar	227
Frauentäubling	*Russula cyanoxantha*	eßbar	227
Speitäubling	*Russula emetica*	giftig	226
Langstieliger Pfeffermilchling	*Lactarius piperatus*	eßbar, nur stark gebraten	231
Steinpilz	*Boletus edulis*	eßbar	147
Flockenstieliger Hexenröhrling	*Boletus erythropus*	eßbar, roh giftig	143
Netzstieliger Hexenröhrling	*Boletus luridus*	eßbar, mit Alkohol giftig	145
Satansröhrling	*Boletus satanas*	giftig	145
Maronenröhrling	*Xerocomus badius*	eßbar	141
Rotfußröhrling	*Xerocomus chrysenteron*	eßbar, oft verschimmelt	141
Ziegenlippe	*Xerocomus subtomentosus*	eßbar, oft verschimmelt	142
Pfifferling	*Cantharellus cibarius*	eßbar	116
Totentrompete	*Craterellus cornucopioides*	eßbar	119
Herkuleskeule	*Clavariadelphus pistillaris*	eßbar, bald bitter	111
Riesenporling	*Meripilus giganteus*	eßbar	126
Zunderschwamm	*Fomes fomentarius*	ungenießbar	127
Semmelstoppelpilz	*Hydnum repandum*	eßbar	121
Igelstäubling	*Lycoperdon echinatum*	eßbar	244
Herbstlorchel	*Helvella crispa*	eßbar	103
Grubenlorchel	*Helvella lacunosa*	eßbar	104
Orangebecherling	*Aleuria aurantia*	eßbar	98
An Holz			
Rehbrauner Dachpilz	*Pluteus cervinus*	eßbar	183
Austernseitling	*Pleurotus ostreatus*	eßbar	172
Buchenschleimrübling	*Oudemansiella mucida*	ungenießbar	165
Stockschwämmchen	*Kuehneromyces mutabilis*	eßbar	216
Ziegelroter Schwefelkopf	*Hypholoma lateritium*	ungenießbar	212
Grünblättriger Schwefelkopf	*Hypholoma fasciculare*	giftig	211

Pilze in Auwäldern

Deutscher Name	Lateinischer Name	Wert	Beschreibung/Seite
Speisemorchel	*Morchella esculenta*	eßbar	104
Käppchenmorchel	*Mitrophora semilibera*	eßbar	107
Morchelbecherling	*Disciotis venosa*	eßbar	99
Anemonenbecherling	*Dumontiona tuberosa*	ungenießbar	100
Schildrötling	*Entoloma clypeatum*	eßbar, roh unbekömmlich	182
Ziegelroter Rißpilz	*Inocybe erubescens*	giftig	216
Maipilz	*Calocybe gambosa*	eßbar	158
Gepanzerter Rasling	*Lyophyllum loricatum*	eßbar	158
Safranschirmling	*Macrolepiota rhacodes*	eßbar	194
Riesenbovist	*Langermannia gigantea*	eßbar	240
An Holz			
Samtfußrübling	*Flammulina velutipes*	eßbar	165
Stockschwämmchen	*Kuehneromyces mutabilis*	eßbar	216
Grünblättriger Schwefelkopf	*Hypholoma fasciculare*	giftig	211
Judasohr	*Hirneola auricula-judae*	eßbar	247
Schwefelporling	*Laetiporus sulphureus*	eßbar, roh unbekömmlich	127
Schuppiger Porling	*Polyporus squamosus*	eßbar	122

Pilze auf Wiesen und Weiden

Deutscher Name	Lateinischer Name	Wert	Beschreibung/Seite
Wiesenchampignon	*Agaricus campestris*	eßbar	198
Schafchampignon	*Agaricus arvensis*	eßbar	201
Stadtchampignon	*Agaricus bitorquis*	eßbar	197
Karbolegerling	*Agaricus xanthoderma*	giftig	200
Schopftintling	*Coprinus comatus*	eßbar	204
Faltentintling	*Coprinus atramentarius*	eßbar, mit Alkohol giftig	204
Glimmerschüppling	*Phaeolepiota aurea*	eßbar	203
Rissiger Ackerling	*Agrocybe dura*	eßbar	210
Verschiedene weiße Trichterlinge	*Clitocybe*-Arten	giftig	–
Nelkenschwindling	*Marasmius oreades*	eßbar	176
Lilastiel-Rötelritterling	*Lepista saeva*	eßbar	180
Schwärzender Bovist	*Bovista nigrescens*	eßbar	244
Riesenbovist	*Langermannia gigantea*	eßbar	240
An Holz			
Beringter Flämmling	*Gymnopilus junonius*	giftig	219
Zaunblättling	*Gloeophyllum sepiarium*	ungenießbar	131

Pilze und Naturschutz

Daß Pilze geschützt werden müssen, war vor 25 Jahren noch ein ganz abwegiger Gedanke. Erst als der Rückgang des Pilzbestandes nicht mehr zu übersehen war, wurden Stimmen laut, die sinnvolle Schutzmaßnahmen verlangten.

Mit Wirkung vom 1.1.1987 trat in der Bundesrepublik Deutschland die Bundesartenschutzverordnung in Kraft, durch die folgende Pilze unter Schutz gestellt wurden.

Dem ersten Schritt – bestimmte Pilze unter Schutz zu stellen – folgte die Erarbeitung einer Roten Liste in jedem Bundesland (mit Ausnahme von Hessen). In dieser Roten Liste wurden alle gefährdeten Großpilze nach verschiedenen Gefährdungsgraden aufgeführt. Ihre zusammenfassende Darstellung fand die Untersuchung in der Veröffentlichung:

Rote Liste der gefährdeten Großpilze in Deutschland. Herausgegeben von der Deutschen Gesellschaft für Mykologie e. V., Naturschutzbund Deutschland e. V. (NABU) 1992.

Die Gründe, warum manche Pilze in ihrem Bestand gefährdet sind, liegen ausschließlich in der Tätigkeit des Menschen. Nur selten ist es möglich, eine einfache Kette von Ursache und Wirkung aufzuzeigen, wie das z. B. beim Abholzen eines Waldes der Fall ist. Meistens gibt es viele Gründe, die den Rückgang der Pilzflora bewirken. Zu den Hauptursachen gehören:

- Flächenverluste durch Bebauung
- Grundwassersenkung und Entwässerung
- Umwandlung der Laubwälder in Nadelholzforste
- Anbau gebietsfremder Baumarten
- Ausmerzung von Begleitbaumarten wie Birke, Espe, Erle, Weide usw.
- Veränderung bzw. oft Zerstörung der Strauch- und Krautschicht
- Zerstörung von Waldrändern, Hecken und Gebüschen
- Zunehmende Luftverschmutzung und Waldsterben

Diskutiert wird inwieweit der Artenschwund auf das Sammeln der Fruchtkörper zurückzuführen ist. Langfristige Untersuchungen haben ergeben, daß das Sammeln den Myzelien der untersuchten Arten keinen Schaden zugefügt hat. Die Neuansiedlung und Ausbreitung der Arten ist aber nur gewährleistet, wenn genügend Fruchtkörper übrigbleiben und ihre Sporen abgeben können. Problematischer als das eigentliche Abernten dürfte das Zertreten der Krautschicht und die damit einhergehende Verfestigung des Bodens sein.

Betrachtet man die Lebensform der gefährdeten Pilze, so kann man feststellen, daß die Saprophyten weit weniger von einem Artenrückgang betroffen sind als die Mykorrhizapilze. Letztere leiden offenbar unter der Luftverschmutzung. Ihr großflächiger Rückgang begann zur gleichen Zeit als plötzlich ernsthafte Waldschäden auftraten. Kohlenmonoxid ist für Pilze ungiftig. Dagegen sind sie sehr empfindlich gegen Schwefeldioxid. Ob allerdings dadurch die

Geschützte Pilze

alle einheimischen Arten der Gattungen	
Albatrellus Schafporling, Semmelporling	*Leccinum* * Birkenpilze und Rotkappen
Cantharellus * Pfifferlinge	*Morchella* * Morcheln
Hygrocybe Saftlinge	*Tuber* Trüffeln
außerdem die folgenden Arten	
Kaiserling *Amanita caesarea*	Blauender Königsröhrling *Boletus speciosus*
Weißer Bronzeröhrling, Anhängselröhrling *Boletus aereus*	Schweinsohr * *Gomphus clavatus*
Gelber Bronzeröhrling *Boletus appendiculatus*	Erlengrübling *Gyrodon lividus*
Steinpilz * *Boletus edulis*	Märzschneckling *Hygrophorus marzuolus*
Sommerröhrling *Boletus fechtneri*	Brätling * *Lactarius volemus*
Echter Königsröhrling *Boletus regius*	Grünling *Tricholoma flavovirens* (=T. equestre)

* Die mit einem Stern versehenen Arten dürfen in geringen Mengen für den eigenen Bedarf der Natur entnommen werden.

Myzelien im Boden geschädigt werden, ist ungewiß. Es ist eher anzunehmen, daß die Mykorrhizapilze zurückgehen, weil die erkrankten Bäume ihre Pilzbegleiter nicht mehr genügend mit Kohlenhydraten versorgen können. Fehlen aber diese Pilze, dann finden neu angepflanzte Bäume keine Symbiosepartner mehr im Boden und werden gegen Dürre, Nährstoffmangel, Einwirkung von Schwermetallen und gegen Parasiten noch anfälliger.

Mykorrhizapilze – hier die Birkenrotkappe – sind auf ihren Begleitbaum angewiesen

Aus dem bisher Gesagten ergibt sich: Die meisten Pilzarten sind nicht durch das Sammeln ihrer Fruchtkörper bedroht, sondern durch die Veränderung oder sogar Zerstörung ihrer Lebensräume. Wichtiger als der Artenschutz ist daher der Schutz der Lebensräume (Biotopschutz).

In der Roten Liste werden folgende Gefährdungsgrade unterschieden:

0 **= erloschen bzw. verschollen – vor 1950 mit Sicherheit nachgewiesen, danach nicht mehr festgestellt.**
Von den in diesem Buch genannten Pilzen ist keiner betroffen.

1 **= vom Aussterben bedroht – fast erloschen bis sehr selten, mit hoher Rückgangstendenz.**
Von den in diesem Buch genannten Pilzen ist keiner betroffen.

2 **= stark gefährdet – selten, mit deutlicher Rückgangstendenz; Arten, die in Teilgebieten bereits erloschen oder akut vom Aussterben bedroht sind.**
Folgende in diesem Buch genannten Pilze sind betroffen:

Deutscher Name	Lateinischer Name
Anhängselröhrling	*Boletus appendiculatus*
Glattstieliger Hexenröhrling	*Boletus queletii*
Goldgelbe Koralle	*Ramaria aurea*
Hasenröhrling	*Gyroporus castaneus*
Märzschneckling	*Hygrophorus marzuolus*
Rötliche Koralle, Hahnenkamm	*Ramaria botrytis*
Satansröhrling	*Boletus satanas*
Schweinsohr	*Gomphus clavatus*

3 **= gefährdet – derzeit noch nicht selten, mit Rückgangstendenz.**
Folgende in diesem Buch genannten Pilze sind betroffen:

Deutscher Name	Lateinischer Name
Brätling	*Lactarius volemus*
Gelber Graustieltäubling	*Russula claroflava*
Grauer Leistling	*Pseudocraterellus cinereus*
Grauvioletter Täubling	*Russula grisea*
Grünfeldriger Täubling	*Russula virescens*
Habichts-Stacheling	*Sarcodon imbricatum*
Herkuleskeule	*Clavariadelphus pistillaris*
Kiefernsteinpilz	*Boletus pinophilus*
Klapperschwamm	*Grifola frondosa*
Kornblumenröhrling	*Gyroporus cyanescens*
Morchelbecherling	*Disciotis venosa*
Orangeroter Ritterling	*Tricholoma aurantium*
Pfifferling, Eierschwamm	*Cantharellus cibarius*
Reifpilz	*Rozites caperatus*
Rosenroter Gelbfuß	*Gomphidius roseus*
Schmarotzerröhrling	*Xerocomus parasiticus*
Schönfußröhrling	*Boletus calopus*
Grünling	*Tricholoma equestre*
Schwarzfaseriger Ritterling	*Tricholoma portentosum*
Sumpfhaubenpilz	*Mitrula paludosa*
Totentrompete	*Craterellus cornucopioides*
Zinnoberroter Hautkopf	*Cortinarius cinnabarinus*

R **= Rarität (latent gefährdet) – sehr seltene Arten ohne erkennbare Rückgangstendenz, bei unvorhersehbaren Eingriffen gefährdet.**
Als Raritäten werden u. a. die beiden folgenden Arten eingestuft:

Deutscher Name	Lateinischer Name
Camemberttäubling	*Russula sororia*
Parasitischer Scheidling	*Volvariella surrecta*

Wir sammeln Pilze

Nun haben Sie einige Grundkenntnisse über Pilze. Sie wissen um die Gefährlichkeit der Giftpilze, haben gelesen, wo und wann welche Arten vorkommen und in welch engem Bündnis viele von ihnen mit den Bäumen des Waldes leben. Sie haben mit dem Bildteil dieses Buches Abbildungen mit Beschreibungen zur Hand, also kann es losgehen! Die Praxis ist jedoch nicht nur viel aufregender als jede Theorie, sie hat auch ihre Tücken! Die Ratschläge auf den nächsten Seiten sollen Ihnen helfen, Ihre Freude am Pilzesammeln lange zu behalten. Vorab die wichtigsten Regeln auf einen Blick:

- Wichtigstes Utensil des Pilzsammlers ist der Korb
- Bei der Bestimmungsarbeit muß stets unbedingt auch der Standort des Pilzes mit einbezogen werden
- Sind Sie sich bei der Bestimmung unsicher, zeigen Sie Ihr Sammelgut einem Pilzexperten
- Sammeln Sie nur wenige Ihnen unbekannte Arten und bestimmen Sie diese in aller Ruhe zu Hause
- Treiben Sie keinen „Raubbau" an der Pilzfundstelle

Der Fachmann wird immer wieder gefragt, welche Tageszeit die geeignetste für einen Pilzausflug ist. Grundsätzlich ist es völlig gleich, ob Sie morgens, nachmittags oder abends gehen. Nur wenn Sie vermeiden wollen, daß überall, wo Sie auch hinkommen, schon vor Ihnen andere „geerntet" haben, müssen Sie wohl oder übel bei Tagesanbruch aus dem Bett.

Die Ausrüstung

Bei Pilzwanderungen sind bequeme wetterfeste Kleidung und vor allem festes Schuhwerk Voraussetzung. Darüber hinaus braucht der Pilzsammler

- einen Korb
- ein stabiles Messer
- ein Pilzbuch

Außerdem ist eine Lupe von großem Nutzen. Ein völlig ungeeignetes Behältnis zur Aufnahme der Pilze ist die Plastiktüte! In ihr werden die Pilze zerdrückt und erhitzen sich infolge der auch nach dem Sammeln weiter ablaufenden Stoffwechselprozesse. Das führt zur Zersetzung der Eiweißstoffe und dann beim Genuß unter Umständen zu sekundären Pilzvergiftungen. Der Korb ist also ein unbedingtes Muß, wenn man sich keiner unnötigen Gefahr aussetzen will!

Nehmen Sie sich anfangs auch keine zu langen Touren vor. Aus einem ausgeschilderten Rundwanderweg von 10 Kilometern wird beim Pilzesuchen schnell die doppelte Strecke!

Die Bestimmungsarbeit

Der Standort ist nicht einerlei

Gerade Anfänger unter den Pilzsammlern unterschätzen immer wieder die Bedeutung des Fundorts und versuchen, einen Pilz lediglich nach seinem Aussehen zu bestimmen. Dabei gilt es, die

Aufgrund des dichten Unterwuchses werden Sie in einem solchen Kiefernwald nur wenige Pilze finden

Umgebung des Pilzes genauestens zu beobachten: Bäume, Begleitpflanzen, Bodenverhältnisse sowie in hügeligem Gelände und an Waldrändern auch die Lage zur Himmelsrichtung. Aus unzähligen Details setzt sich ganz allmählich ein Mosaik zusammen, und es wächst die Kenntnis von Zusammenhängen und Wechselbeziehungen. Denn: Wir sammeln nicht nur Pilze, sondern auch Erfahrung!

Wer nur leichtfertig und oberflächlich beurteilt ohne recht hingesehen zu haben, wird nie ein sicherer und schon gar nicht erfolgreicher Pilzsammler! Natürlich empfiehlt es sich auch, seine Beobachtungen aufzuschreiben, denn im Gedächtnis allein kann man die Erfahrungen nicht alle speichern.

Aller Anfang ist schwer

Sind Sie bei einem gefundenen Pilz nicht sicher, um welche Art es sich handelt, so sollten Sie nicht versuchen, ihn um jeden Preis sofort zu bestimmen. Denn das Suchen und Vergleichen der Abbildungen im Pilzbuch kostet enorm viel Zeit, und man wird mit seiner Bestimmungsarbeit schnell oberflächlich, wenn man in der Nähe schon den nächsten Pilz aus dem Boden „blinken“ sieht! Es ist besser von jedem Pilzgang jeweils nur ein oder zwei unbekannte Arten mitzunehmen, die man dann nach der Rückkehr in aller Ruhe zu bestimmen versucht. Diese Pilze kommen natürlich nicht zu dem übrigen Sammelgut in den Korb. Sie werden in jedem Fall gesondert verstaut. Papiertaschentücher sind fast immer zur Hand und für diesen Zweck bestens geeignet. Damit vermeidet man, daß eventuell giftige Pilze oder Bruchstücke von ihnen versehentlich unter die anderen geraten.

Bei den ersten Bestimmungsversuchen wird der Anfänger nach langem, vergeblichem Bemühen wahrscheinlich das Buch in die Ecke und den Pilz in den Mülleimer werfen und an sich und der ganzen Pilzkunde verzweifeln. Lassen Sie sich nicht so schnell entmutigen! Versuchen Sie es wieder und wieder. Jeder, auch der größte Experte, hat am Anfang seiner Pilzleidenschaft genau die gleichen Fehlschläge eingesteckt, bis mit jeder gelungenen Bestimmung die Sicherheit immer größer wurde. Zu diesen Bestimmungsversuchen braucht man natürlich nicht gleich einen ganzen Korb voller Exemplare. Sammeln Sie nur einige, tunlichst in verschiedenen Entwicklungsstadien.

Auch wer glaubt, eine Art sicher erkannt zu haben, sollte sie nicht gleich in den Kochtopf wandern lassen. Vergewissern Sie sich – wenigstens zu Anfang – bei einem anerkannten Fachmann, ob Sie nichts übersehen oder Pilze gar falsch bestimmt haben. In vielen Städten und Gemeinden gibt es Pilzberatungsstellen, in denen Ihnen geprüfte Pilzfachleute mit ihrem Rat zur Seite stehen. Selbstverständlich kann man dort auch die gesamte Ausbeute einer Wanderung überprüfen lassen.

Die Adressen von Pilzberatungsstellen erfahren Sie bei Ordnungs- und Gesundheitsämtern. In vielen Fällen können auch die Verbraucherzentralen weiterhelfen.

Richtig ernten

Nur wenn das Pilzlager beim Sammeln so wenig wie möglich beschädigt wird und sich ungestört weiterentwickeln kann, bleibt ein Fundplatz über viele Jahre erhalten. Deshalb gilt als besonders wichtige Regel, daß man Pilze nicht einfach aus dem Boden herausreißt! Der Anfänger sollte sie vorsichtig aus dem Boden oder dem Holz herausdrehen. Einmal wird so das Myzel am wenigsten beschädigt, zum anderen finden sich gerade am Stielgrund oft die typischen Erkennungsmerkmale bestimmter Arten. Das gilt besonders für alle Wulstlinge. Diese Merkmale entgehen dem Sammler, wenn er den Pilz einfach über dem Boden abschneidet. Erst wenn die Artenkenntnis so gefestigt ist, daß Verwechslungen von eßbaren mit giftigen Pilzen sicher vermieden werden, schneidet man den Fruchtkörper über dem Boden ab und schädigt so das Pilzlager überhaupt nicht.

Bei auf Holz wachsenden Pilzen, deren Stiele in aller Regel zäh und unbrauchbar sind – beispielsweise Hallimasch, Stockschwämmchen, Samtfußrübling oder Graublättriger Schwefelkopf – schneidet man nur die Hüte ab. Die Stiele bleiben am Baumstumpf stehen, und man kann bereits nach kurzer Zeit wieder eine Mahlzeit ernten.

Zu alte und vermadete Pilze werden ebensowenig mitgenommen wie die winzigen „Knöpfe". Letztere haben noch nicht die typischen Erkennungsmerkmale der Art entwickelt, so daß man sie häufig nicht sicher bestimmen

Nur wer sich absolut sicher ist, was er vor sich hat – hier sind es Steinpilze –, der kann die Pilze mit einem Messer kurz über dem Boden abschneiden

und von giftigen Doppelgängern unterscheiden kann. Hat man dennoch aus Versehen einmal einen unbrauchbaren Fruchtkörper aufgenommen, sei es, daß er schon zu zerfressen oder verdorben ist, setzt man ihn an seinen alten Standort zurück und sorgt so dafür, daß er noch aussporen und zur Erhaltung der Art beitragen kann. Eine besonders böse Unsitte ist es, Moosbänke und Waldboden aufzuwühlen oder gar aufzuharken, um auch die letzten kleinsten Pilzchen noch zu finden!

Reinigen Sie Ihr Sammelgut an Ort und Stelle von Schmutz, Madengängen und Fraßstellen, und zwar sorgfältig! Bei Arten mit sehr schmieriger Huthaut wie Butterröhrling oder

Großer Gelbfuß wird auch diese direkt entfernt. Selbstverständlich nur, wenn man die Art genau kennt! Das Putzen der Pilze zu Hause vor der Zubereitung darf nichts anderes sein als eine letzte Kontrolle.

Umweltbewußt handeln

Es sollte für jeden Pilzfreund eigentlich selbstverständlich sein, daß er die Natur sauber hält und nicht gedankenlos verschmutzt oder beschädigt.

An Waldrändern ist die Ausbeute oft besonders hoch

- Nach einer Erholungspause auf dem Rastplatz muß es nicht gleich aussehen wie nach einer Kirmes. Butterbrotpapier und leere Getränkedosen kann man ohne Mühe wieder mit nach Hause nehmen.
- Man sollte den Weg eines Pilzsammlers auch nicht an den zertretenen oder aufgenommenen und dann achtlos fortgeworfenen ungenießbaren und giftigen Exemplaren verfolgen können! Wer derart sinnlos im Wald wütet, wird bei anderen kaum auf eine freundliche Gesinnung hoffen dürfen.
- Wer Pilze sammelt, sollte dafür die markierten Wege so wenig wie möglich verlassen. Das ist auch im allgemeinen nicht nötig. Denn im Gegensatz zum geschlossenen Kronendach des Waldes, das jeden Niederschlag gleichmäßig auf dem Boden verteilt, findet man an Waldrändern und Wegen – an den sogenannten Traufen – höhere Feuchtigkeitswerte und damit besseres Pilzwachstum.
  Schonungen und Jungbestände werden grundsätzlich nicht betreten! Sie bekommen unweigerlich Ärger mit dem Förster und werden dazu nicht selten noch empfindlich bestraft, wenn man Sie dabei erwischt!
- Beachten Sie schließlich auch die Gebote und Verbote der Forstbehörden! In einigen Gegenden gibt es generelle Pilzsammelverbote oder Einschränkungen, was die Jahreszeit oder die zu sammelnde Pilzmenge betrifft. Manchmal sind bestimmte Reviere für den Publikumsverkehr gesperrt, damit das Wild sich dort ungestört aufhalten kann oder weil Holz geschlagen wird.

Zubereitung und Konservierung

Nach der hoffentlich erfolgreichen Rückkehr von einer Pilzwanderung muß das Sammelgut so bald wie möglich verarbeitet werden. Kommen Sie nicht sofort dazu, können Sie die Pilze für einige Stunden an einem kühlen Platz luftig ausbreiten, um so Eiweißzersetzungen zu vermeiden. Dabei müssen Sie allerdings bedenken, daß Insektenlarven und Maden während dieser Zeit ihr Zerstörungswerk fortsetzen. Besonders weichfleischige, leicht zersetzliche Arten (wie zum Beispiel alle Tintlinge) müssen auf jeden Fall sofort verbraucht werden.

Was Sie beachten sollten

Daß es auf die Frage nach den wohlschmeckendsten Speisepilzen von jedem Liebhaber eine andere Antwort gibt, ist bereits gesagt worden. Nicht anders ist es bei der Frage nach der am besten geeigneten Zubereitungsform für eine bestimmte Art. So viele Feinschmecker, so viele Köche, so viele Meinungen!

Deshalb ist es auch im Rahmen dieses Buches völlig ausgeschlossen, Auskunft über alle Möglichkeiten der Pilzzubereitung zu geben. Einige Anregungen finden Sie aber sicherlich auf den Seiten 65–87, wo knapp 30 bewährte Rezepte schmackhafter Pilzgerichte aufgeführt sind. Vorab einige grundsätzliche Dinge, die bei der Zubereitung und Konservierung von Pilzen zu beachten sind:

- **Die Pilze bereits beim Sammeln weitgehend säubern (natürlich erst, nachdem sie eindeutig als eßbar erkannt sind!).** Erde, anhaftendes Laub und Nadeln sowie Fraßstellen und Madengänge werden entfernt. Die Huthaut wird nur abgezogen, wenn sie schleimig ist oder sich leicht ablösen läßt; sie wird keinesfalls mühsam abgeschält. Bei Blätterpilzen werden die Lamellen mit verwendet. Bei Röhrenpilzen müssen Sie die Röhrenschicht nur entfernen, wenn sie schon zu dick und schwammig ist, weil sie in diesem Fall die Mahlzeit unangenehm schleimig machen würde.

Es soll Pilzfreunde geben, denen das Putzen mehr Spaß macht als das Essen! Bei ihnen bleibt von einem knackigen, kerngesunden Maronenröhrling nach dem Säubern nicht mehr übrig als ein bleistiftdickes Stielchen und ein pfenniggroßer Hutrest. Solcher „Reinlichkeit" sollte man nicht unbedingt nacheifern!

Beim Putzen werden die Pilze noch nicht zerschnitten. Ein Längsschnitt durch den Fruchtkörper zeigt im Zweifelsfall, ob der Pilz von Maden befallen ist.

■ **Pilze vor der Zubereitung gründlich waschen.** Viele Feinschmecker empfinden das als Sakrileg. Zweifellos leidet auch der Wohlgeschmack darunter. Aber angesichts der allgemeinen Verwendung von Herbiziden und Insektiziden in unserer Landschaft ist das Waschen unbedingt zu empfehlen.

■ **Pilze sind schwer verdaulich. Je besser man sie zerkleinert, um so weniger belasten sie den Magen.** Das gilt natürlich auch beim Essen! Pilze deshalb besonders gut kauen! Für Suppen und Soßen werden Pilze am besten ganz fein gehackt, für Gemüse schneidet man sie in kleine Stücke – das alles nach dem Waschen. Beim Grillen oder Braten panierter ganzer Pilzhüte sollten empfindliche Personen daran denken, daß diese Gerichte schwer im Magen liegen.

■ **Pilze müssen ausreichend erhitzt werden.** Eine ganze Reihe von Arten kann roh oder ungenügend erhitzt zu Verdauungsstörungen oder gar Vergiftungen führen. Gewöhnlich reichen 10 bis 12 Minuten Kochzeit aus, bei kritischen Arten sollten es einige Minuten mehr sein. Zu langes Erhitzen schadet dem Wohlgeschmack und läßt die Pilze hart und zäh werden. Sie verhalten sich nämlich wie Eier: Man kann sie kochen, solange man will, und doch werden sie nicht weicher.

Nur wenige Pilzarten kann man roh genießen. Wenn Sie noch keine sichere Artenkenntnis besitzen, sollten Sie vom Rohgenuß grundsätzlich absehen.

■ **Nicht alle Pilze eignen sich für jede Art der Zubereitung.** So sollten Milchlinge stets scharf gebraten werden. Sie werden sonst leimig. Dasselbe gilt für den Hallimasch.

Konservierungsverfahren

An sich sollte man niemals mehr Pilze sammeln, als man für eine Mahlzeit benötigt. Dennoch ist manchmal die Ausbeute einer Wanderung derart groß, daß ein Teil konserviert werden muß.

Ganz gleich, welche Art der Haltbarmachung auch gewählt wird, der Geschmacksverlust ist erheblich! Die einzige Ausnahme bildet das Trocknen bestimmter Arten.

Früher wurden Pilze eingesalzen. Diese Art der Konservierung wird heute noch vielfach in der Industrie angewendet. Ebenso kann man Pilze wie Weißkraut oder Gurken einer Milchsäuregärung unterziehen (Sauerkraut, Salzgurken) und so haltbar machen. Sehr pikant schmecken in Essig eingelegte Pilze. In Südeuropa weit verbreitet ist schließlich die Haltbarmachung durch Einlegen in Öl. Die drei wichtigsten Konservierungsmethoden sind jedoch Tieffrieren, Einwecken und Trocknen.

Tieffrieren

Beim Einfrieren bleibt das Aroma der Pilze weitgehend erhalten. Wenn sie in Portionen abgepackt eingefroren werden, benötigen sie den wenigsten Platz in der Tiefkühltruhe. Zur Verwendung kommen sie gefroren in den Topf und werden wie Frischpilze verarbeitet.

Man kann auch ein Pilzgericht fertig zubereiten und den Teil, der nicht sofort verzehrt wird, einfrieren. Die Haltbarkeit von tiefgefrorenen Pilzen beträgt etwa acht Monate.

Einwecken

Noch vor einigen Jahrzehnten war das Einkochen oder Einwecken die am weitesten verbreitete Methode zur Konservierung von Obst und Gemüse. Mit dem Einzug der Tiefkühltruhe in die Haushalte ist sie mehr und mehr in Verges-

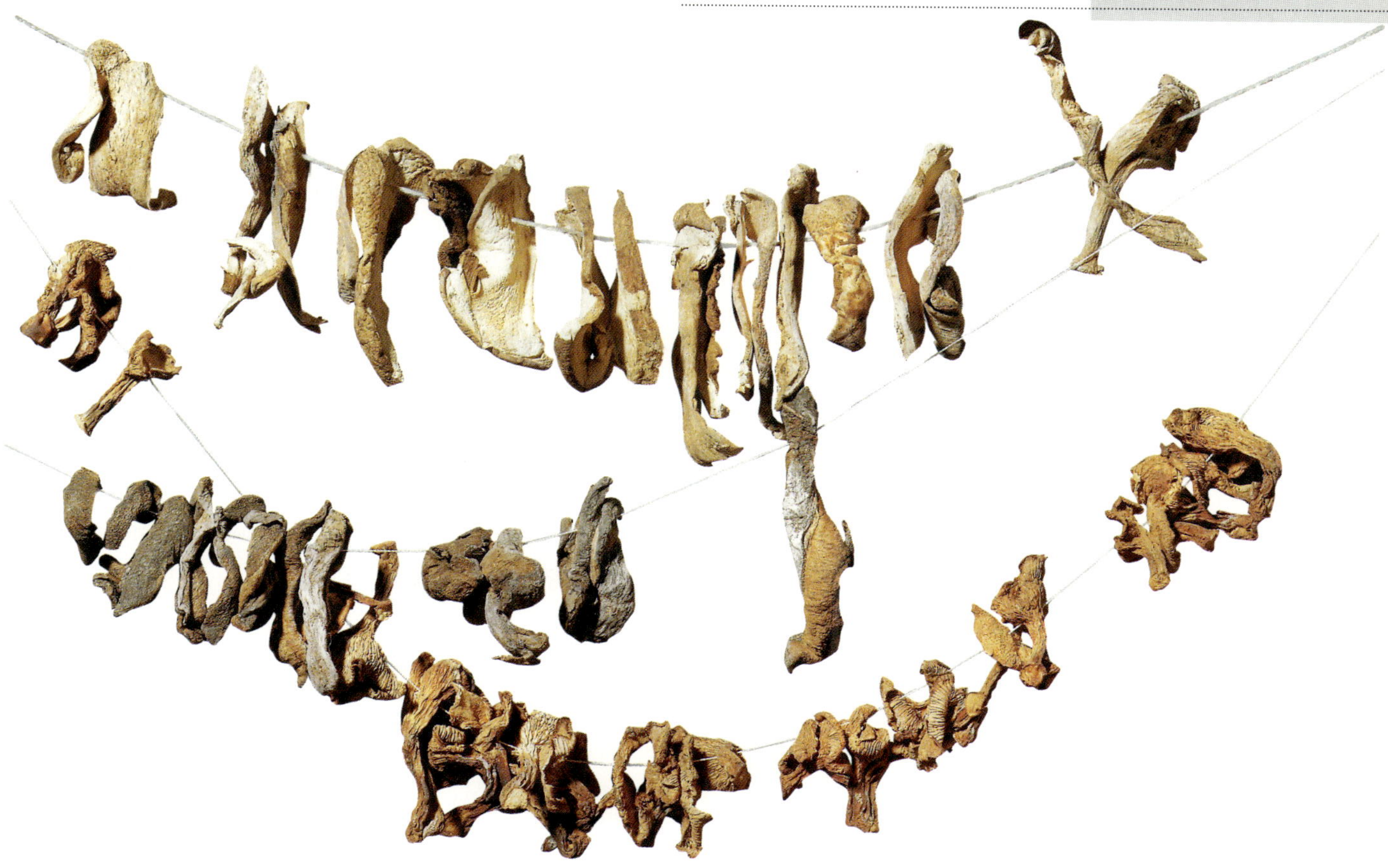

senheit geraten. Das Einwecken hat den Nachteil, daß durch zum Teil sehr lange Erhitzungszeiten wertvolle Bestandteile in Früchten, Gemüsen und auch in den Pilzen zerstört werden.

Beim Einkochen von Pilzen ist besonders wichtig, daß nur junges, einwandfreies, sorgfältig gereinigtes und gewaschenes Sammelgut Verwendung findet, da die Gläser sonst auch bei größter Sorgfalt aufgehen.

Den Inhalt von Gläsern, die sich geöffnet haben, auf keinen Fall mehr verwenden! Durch Eiweißzersetzung besteht die Gefahr von Sekundärvergiftungen!

Die vorbereiteten Pilze werden nur im eigenen Saft 10 Minuten lang gedünstet und noch heiß in die Gläser eingefüllt. Der durchgeseihte Kochsud wird darübergegeben und, wenn notwendig, mit kochendem Wasser ergänzt. Kleine Gläser sterilisiert man anderthalb Stunden, ab Litergröße zwei Stunden in kochendem Wasser.

Trocknen

Trocknen ist die älteste aller bekannten Konservierungsmethoden und wird nicht nur zur Haltbarmachung von Obst und Gemüse, sondern auch von Fleisch und Fisch angewendet. Außerdem ist es immer noch das einzige Verfahren, durch das bei vielen Pilzarten die Geschmacksstoffe voll erhalten bleiben. Bei einigen Arten konzentrieren sie sich sogar. Deshalb finden Trockenpilze auch vorwiegend als Würzmittel Verwendung.

Zum Trocknen werden die Pilze besonders gründlich geputzt, aber nicht gewaschen, weil sie dann zuviel Wasser aufnehmen und faulen würden. Das bedeutet zugleich, daß Sammelgut nur von Fundplätzen verwendet werden kann, von denen absolut sicher ist, daß dort keine Chemikalien zum Einsatz gekommen sind. Nach dem Putzen werden die Pilze grundsätzlich in feine Streifen geschnitten. Das Trocknen kann auf verschiedene Weise geschehen.

- Man zieht die Pilze auf Fäden auf und hängt sie an einen warmen Platz.
- Man breitet sie auf Papier oder besser Pappe an einem warmen, trockenen Ort aus und wendet sie öfters um.
- Die Pilze werden im Backofen bei offener Klappe gedörrt. Die Temperatur muß gering gehalten werden, damit sie nicht schwitzen oder gar garen und so verderben.

Die vollkommen getrockneten, rascheldürren Pilze bewahrt man zweckmäßig in Schraubgläsern auf. Sie sind fast unbegrenzt haltbar. Zum Gebrauch werden sie am Abend zuvor in Wasser eingeweicht. Das Einweichwasser wird mitverwendet.

Pilzpulver stellt man durch Mahlen von getrockneten Pilzen her. Es wird direkt als Streuwürze angewendet und sollte in keiner Küche fehlen. Pilzpulver aus Stockschwämmchen oder Graublättrigen Schwefelköpfen ist ein unvergleichliches Gewürz zur Verfeinerung von Fleischgerichten und Soßen!

Welche Pilze sich generell gut zum Trocknen eignen, zeigt die nachfolgende Tabelle. Völlig ungeeignet sind alle sehr wasserhaltigen Arten, Tintlinge und während starker Regenperioden gesammelte Exemplare.

Zum Trocknen geeignete Pilzarten

Deutscher Name	Lateinischer Name
Totentrompete	*Craterellus cornucopioides*
Stockschwämmchen	*Kuehneromyces mutabilis*
Graublättriger Schwefelkopf	*Hypholoma capnoides*
Knoblauchschwindling	*Marasmius scorodonius*
Nelkenschwindling	*Marasmius oreades*
Klapperschwamm	*Grifola frondosa*
Eichhase	*Dendropolyporus umbellatus*

Rezepte

Pfannengerichte

•

Köstliches aus dem Ofen

•

Schmorgerichte & Co.

•

Suppen

•

Salate

Gebratene Leber mit Pilzen und Calvados

- Besonders geeignet für Nebelkappen
- Zubereitungszeit: ca. 3/4 Std.
- Für 4 Portionen
- Dazu paßt Kartoffelpüree

1/2 Bund Liebstöckel • 1/2 Bund Zitronenmelisse • 2 Knoblauchzehen • 500 g Mischpilze • 2 EL Butterschmalz • 2 EL Salz • schwarzer Pfeffer • 3 EL Crème fraîche • 4 Scheiben Schweineleber • 100 ml Calvados

Die Kräuter waschen und trockenschütteln. Die Blätter von den Stielen zupfen und fein hacken. Den Knoblauch schälen und ebenfalls fein hacken. Die Pilze unter fließendem Wasser kurz aber sorgfältig waschen, putzen, trockentupfen, in mundgerechte Stücke schneiden. Pilze, Kräuter und Knoblauch miteinander mischen.

Das Butterschmalz in einer großen Pfanne erhitzen und die Pilze, die Kräuter sowie den Knoblauch darin leicht anschwitzen. Das Ganze mit etwas Salz sowie Pfeffer würzen und so lange weiterbraten, bis die austretende Flüssigkeit verdampft ist. 2 Eßlöffel Crème fraîche unter die Pilze rühren und das Ganze warmstellen.

Etwas Butterschmalz in einer zweiten Pfanne erhitzen. Die Leber gründlich waschen, mit einem scharfen Messer von Häuten sowie Äderchen befreien und im heißen Fett von allen Seiten gut anbraten. Den Calvados darauf gießen und die Leber flambieren. Anschließend das Ganze mit Salz und Pfeffer würzen.

Die Pilze auf einer Platte anrichten und die Leberscheiben darauf legen. 1 Eßlöffel Crème fraîche in die Pfanne geben und mit dem Fleischfond verrühren. Die Sauce auf die Leberstücke geben.

Normannisches Huhn mit Pilzen

- Besonders geeignet für Boviste
- Zubereitungszeit: ca. 1 Std.
- Für 4 Portionen
- Dazu passen Salzkartoffeln oder frisches Weißbrot

1 küchenfertiges Huhn (ca. 1 kg) • Salz • schwarzer Pfeffer • 3 EL Butter • 500 g Mischpilze • 3 EL Calvados • 1/4 l Crème fraîche • 4 Zweige Estragon • 1 Knoblauchzehe • 2 Schalotten

Das Huhn in Portionsteile zerlegen. Diese mit Salz und Pfeffer würzen. Die Butter in einer großen Pfanne erhitzen und die Hühnerteile darin von beiden Seiten goldbraun anbraten. Das Geflügel in einer Kasserolle warm halten.

Die Pilze unter fließendem Wasser kurz aber sorgfältig waschen, trockentupfen, putzen, kleinschneiden und in der Pfanne im verbliebenen Fett etwa 10 Minuten braten. Dann die Hühnerstücke hinzufügen, mit Calvados übergießen und das Ganze flambieren. Anschließend die Hühnerteile herausnehmen und warm halten. Nun die Hälfte der Crème fraîche unter die Pilze rühren.

Den Estragon waschen, die Blätter von den Stielen zupfen und fein hacken. Den Knoblauch sowie die Schalotten schälen und beides sehr fein hacken. Estragon, Knoblauch, Schalotten, Salz und Pfeffer unter die Pilze rühren. Das Ganze auf kleiner Flamme dicklich einkochen lassen und nach und nach die restliche Crème fraîche unter ständigem Rühren hinzufügen.

Zum Schluß die Sauce noch einmal mit Pfeffer sowie Salz abschmecken und zu den Hühnerteilen reichen.

Forelle mit Pilzen

- Besonders geeignet für Steinpilze
- Zubereitungszeit: ca. 3/4 Std.
- Für 4 Portionen
- Dazu passen Petersilienkartoffeln

8 Forellenfilets • Salz • 4 EL Mehl Type 405 • 150 g Butter • 500 g Mischpilze • 3 Knoblauchzehen • schwarzer Pfeffer • 6 EL Pernod • 6 EL Crème fraîche

Die Forellenfilets sorgfältig waschen. Etwas Salz mit dem Mehl mischen und die Forellenfilets darin wenden. Die Butter in einer Pfanne erhitzen und die Fische darin je etwa 5 Minuten von beiden Seiten durchgaren. Sie dann herausnehmen und warm stellen.

Die Pilze kurz aber sorgfältig waschen, trockentupfen, putzen und in feine Scheiben schneiden. Den Knoblauch schälen und sehr fein hacken. Beides in der Fischpfanne ohne weitere Fettzugabe bei starker Hitze anbraten.

Die Pilze pfeffern, salzen und den Pernod hinzufügen. Das Ganze noch etwa 8 Minuten kochen lassen, dann vom Herd nehmen und die Crème fraîche darunterziehen. Schließlich die Pilze bei geringer Hitze auf die gewünschte Konsistenz einkochen lassen und eventuell noch einmal mit Pfeffer und Salz nachwürzen. Die Forellenfilets auf den Pilzen anrichten und dann das Ganze servieren.
(Auf dem Foto)

Panierte Pilzhüte mit geschmolzenem Sauerampfer

- Besonders geeignet für Mairitterlinge oder Braunkappen
- Zubereitungszeit: ca. $\frac{1}{2}$ Std.
- Für 4 Portionen
- Dazu paßt Kartoffelpüree

2 Bund Sauerampfer • 2 EL Butter • Salz • schwarzer Pfeffer • 2 EL süße Sahne • 600 g große Pilzhüte • 3 EL Mehl Type 405 • 1 Ei • 3 EL Paniermehl • 4 EL Butterschmalz

---

Den Sauerampfer putzen, waschen und die Mittelrippen entfernen. Die Butter in einer Pfanne bei mittlerer Hitze schmelzen lassen und den Sauerampfer zusammen mit 1 Prise Salz und etwas Pfeffer darin einige Minuten dünsten. Dann die Pfanne vom Herd nehmen und die süße Sahne unter das Gemüse rühren. Den Sauerampfer warm stellen.

Die Pilzhüte unter fließendem Wasser kurz aber sorgfältig waschen und trockentupfen. Das Mehl, das Ei und das Paniermehl jeweils in einen Suppenteller geben. Das Ei mit einer Gabel verquirlen. Die Pilzhüte nun zuerst im Mehl, danach im Ei und zuletzt im Paniermehl wenden, so daß eine gleichmäßige Kruste entsteht.

Das Butterschmalz in einer Pfanne erhitzen und die Pilze darin von allen Seiten goldbraun braten. Sie anschließend zusammen mit dem Sauerampfer servieren.
(Auf dem Foto)

Pilzrisotto

- Besonders geeignet für Butterpilze, Goldröhrlinge und Körnchenröhrlinge
- Zubereitungszeit: ca. 1 Std.
- Für 4 Portionen
- Dazu paßt ein Tomatensalat mit Zwiebelwürfeln

300 g Mischpilze • 3 EL Olivenöl • Salz • schwarzer Pfeffer • 1 Stange Staudensellerie • 1 Möhre • 1 Zwiebel • 3 EL Butter • 400 g Rundkornreis • $1\frac{1}{2}$ l Fleischbrühe • 1 Bund Petersilie • $\frac{1}{2}$ Knoblauchzehe • 3 EL geriebener Parmesan

---

Die Pilze kurz aber sorgfältig waschen, trockentupfen, putzen und feinblättrig schneiden. Das Olivenöl in einer Pfanne erhitzen und die Pilze darin etwa 10 Minuten kräftig braten. Sie anschließend salzen, pfeffern und beiseite stellen.

Den Staudensellerie putzen und waschen. Die Möhre und die Zwiebel schälen. Das Gemüse fein hacken. Die Butter in einer großen Pfanne erhitzen und das Gemüse darin andünsten.

Den Reis zum Gemüse geben und unter ständigem Rühren glasig werden lassen. Dann die Pilze sowie nach und nach die Fleischbrühe hinzufügen. Das Ganze bei geringer Hitze zugedeckt etwa 20 Minuten quellen lassen, bis der Reis gar ist.

Die Petersilie waschen, trockenschütteln, die Blätter von den Stielen zupfen und fein hacken. Den Knoblauch schälen und ebenfalls fein hakken. Beides zusammen mit dem Parmesan unter das Risotto mischen und das Ganze noch etwa 5 Minuten bei geschlossenem Deckel ziehen lassen.

Pilze nach provenzalischer Art

- Besonders geeignet für Raslinge
- Marinierzeit: ca. 6 Std.
- Zubereitungszeit: ca. 3/4 Std.
- Für 4 Portionen
- Paßt zu kurzgebratenem Fleisch

500 g Mischpilze • 3 Knoblauchzehen • 125 ml Olivenöl • 2 EL Pfefferkörner • 1 Bund Petersilie • Zitronensaft • Salz

Die Pilze unter fließendem Wasser kurz aber sorgfältig waschen, trockentupfen, putzen und in dünne Scheiben schneiden. Den Knoblauch schälen und durch eine Presse drücken. Ihn zusammen mit dem Öl und den Pfefferkörnern in einer Schüssel verquirlen.

Die Marinade mit den Pilzen vermischen und das Ganze etwa 6 Stunden ziehen lassen.

Anschließend die Pilze aus der Flüssigkeit nehmen und die Marinade durch ein feinmaschiges Sieb in eine Pfanne gießen. Das Ganze erhitzen, die Pilze hinzufügen und alles 10 bis 15 Minuten bei mittlerer Hitze köcheln lassen.

Inzwischen die Petersilie waschen, trockenschütteln, die Blätter von den Stielen zupfen und fein hacken. Kurz vor Ende der Garzeit etwas Zitronensaft sowie die Petersilie zu den Pilzen geben und das Ganze mit etwas Salz abschmecken.

Pilze auf Geflügelleber

- Besonders geeignet für Wiesenchampignons
- Zubereitungszeit: ca. 3/4 Std.
- Für 4 Portionen
- Dazu passen Semmelknödel

500 g Mischpilze • 400 g Geflügelleber • 1 EL Mehl Type 405 • 1 Zwiebel • 1 EL Öl • 1 EL Zitronensaft • je 1 TL gehackte Petersilie, getrockneter Thymian und gehacktes Basilikum • schwarzer Pfeffer

Die Pilze kurz aber sorgfältig waschen, abtropfen lassen, putzen und in Scheiben schneiden. Die Leber waschen, in Scheiben schneiden und in dem Mehl wenden. Die Zwiebel schälen und in sehr feine Ringe schneiden.

Das Öl in einer Pfanne erhitzen und die Zwiebelringe sowie die Leberscheiben etwa 3 Minuten darin braten. Pilze hinzufügen und alles mit Zitronensaft, Kräutern und Pfeffer abschmecken.

Das Ganze zugedeckt noch etwa 15 Minuten bei geringer Hitze garen. Das Gericht dann auf Tellern anrichten und servieren.
(Auf dem Foto: unten)

Pilze in Gewürztraminer

- Besonders geeignet für Morcheln
- Zubereitungszeit: ca. ½ Std.
- Für 4 Portionen
- Paßt zu Kalbsmedaillons

500 g Mischpilze • Salz • schwarzer Pfeffer • 1½ EL Butter • 1 kräftiger Schuß Gewürztraminer • 1–2 frische Eigelbe

Die Pilze unter fließendem Wasser kurz aber sorgfältig waschen, trockentupfen, putzen und in mundgerechte Stücke schneiden.

Eine große Pfanne ohne Fettzugabe erhitzen und die Pilze darin so lange braten, bis das Pilzwasser verdampft ist. Dann die Hitzezufuhr reduzieren.

Die Pilze mit Salz sowie Pfeffer würzen und 1 Eßlöffel Butter sowie den Wein hinzufügen. Das Ganze etwa 5 Minuten bei mittlerer Hitze leicht dicklich einkochen lassen.

Nun die Pfanne vom Herd nehmen und zuerst 1 Teelöffel Butter, dann die Eigelbe unter die Pilze rühren.

Tip:

Dieses Pilzgericht kann auch hervorragend als Füllung für Omeletts und Pasteten verwendet werden.

Pilze mit Brotkruste

- Besonders geeignet für Steinpilze
- Zubereitungszeit: ca. ½ Std.
- Für 4 Personen
- Paßt zu kurzgebratenem Fleisch

400 g Mischpilze • 1 EL Walnußöl • 1 EL Butter • 4 TL gehackte Schalotten • Salz • schwarzer Pfeffer • 3 EL Semmelbrösel • 1 EL gehackte Petersilie

Die Pilze kurz aber sorgfältig waschen, trockentupfen und putzen. Die Hüte in dicke Scheiben schneiden und die Stiele fein hacken. Beides getrennt beiseite legen.

In einer Pfanne das Öl sowie die Butter erhitzen und die Hutscheiben darin so lange braten, bis sie anfangen zu rösten.

Die Schalotten schälen, fein hacken und zusammen mit den gehackten Stielen zu den Pilzhüten geben. Das Ganze mit Salz sowie Pfeffer abschmecken und noch für kurze Zeit weiterbraten.

Zum Schluß die Semmelbrösel auf die Pilze streuen, mit den übrigen Zutaten vermischen und das Ganze mit der Petersilie bestreut servieren.
(Auf dem Foto: oben)

Pilzfrikassee

- Besonders geeignet für die Krause Glucke, Pfifferlinge oder Stockschwämmchen
- Zubereitungszeit: ca. 1 Std.
- Für 4 Portionen
- Dazu paßt Wildreis

500 g Mischpilze • 60 g Butter • 50 g Mehl Type 405 • 1/2 l Kalbsbrühe • 1/8 l trockener Weißwein • 1 frisches Eigelb • etwas Zitronensaft • Salz • schwarzer Pfeffer • 1 EL gehackte Petersilie

Die Pilze kurz aber sorgfältig waschen, trockentupfen, putzen und in mundgerechte Stücke schneiden. Etwa 3 Eßlöffel Butter in einer Pfanne erhitzen und die Pilze darin etwa 15 Minuten braten.

In einem kleinen Topf die restlichen 3 Eßlöffel Butter schmelzen lassen, das Mehl hinzufügen und darin unter Rühren kurz anschwitzen. Die Kalbsbrühe nach und nach unter ständigem Rühren hinzufügen. Anschließend den Wein dazugeben und die Sauce mindestens 15 Minuten bei geringer Hitze und gelegentlichem Rühren auf die gewünschte Saucenkonsistenz einköcheln lassen.

Die Pilze hinzufügen. Die Sauce vom Herd nehmen, das Eigelb darunterziehen und das Ganze mit Zitronensaft, Salz sowie Pfeffer abschmekken. Die Sauce nicht mehr kochen lassen. Das Frikassee mit der Petersilie bestreuen und dann servieren.

Pilze mit Zucchini

- Besonders geeignet für Butterpilze
- Zubereitungszeit: ca. 1 Std.
- Für 4 Portionen
- Dazu paßt feiner Basmatireis

1 Bund glatte Petersilie • 1 Knoblauchzehe • 500 g Mischpilze • 1 EL Olivenöl • Salz • schwarzer Pfeffer • 2 Tomaten • 6 kleine Zucchini • 4 EL Mehl Type 405 • 1 EL Butter • 4 EL geriebener Parmesan

Die Petersilie waschen und trockenschütteln. Die Blätter von den Stielen zupfen und fein hakken. Den Knoblauch schälen und ebenfalls fein hacken. Die Pilze kurz aber sorgfältig waschen, trockentupfen, putzen und feinblättrig schneiden. Etwa 1 Eßlöffel Olivenöl in einer Pfanne erhitzen und den Knoblauch darin andünsten. Die Petersilie dazugeben und das Ganze mit Salz und Pfeffer würzen. Die Pilzmischung braten.

Die Tomaten über Kreuz einritzen und für etwa 15 Sekunden in kochendes Wasser geben. Sie dann enthäuten, halbieren, von den Stielansätzen befreien und das Fruchtfleisch kleinschneiden. Die Tomaten zu den Pilzen geben und mitgaren.

Die Zucchini putzen, waschen, der Länge nach vierteln und von allen Seiten im Mehl wenden. In einer zweiten Pfanne 1 Eßlöffel Butter erhitzen und die Zucchiniviertel darin unter häufigem Wenden braten. Sie mit Salz und Pfeffer würzen.

Die Hitzezufuhr reduzieren, den geriebenen Käse auf das Gemüse streuen und ihn bei geschlossenem Deckel schmelzen lassen. Die Pilze zu den Zucchini geben, mit dem Parmesan bestreuen und das Gericht vor dem Servieren noch etwa 5 Minuten ziehen lassen.
(Auf dem Foto: oben)

Pilze in Bierteig

- Besonders geeignet für Boviste
- Zubereitungszeit: ca. 1/2 Std.
- Für 4 Portionen
- Paßt zu gebratenem Hüftsteak

600 g Mischpilze • Saft 1 Zitrone • 100 g Mehl Type 405 • 1 Ei • 100 ml Bier • Salz • 1 kg Frittierfett

Die Pilze kurz aber sorgfältig waschen, trockentupfen, putzen und dann in mundgerechte Stükke schneiden. Etwa 1/2 Liter Wasser zusammen mit dem Zitronensaft in einem Topf aufkochen lassen und die Pilze darin etwa 3 Minuten blanchieren. Sie dann herausnehmen und auf Küchenkrepp abtropfen lassen.

Aus dem Mehl, dem Ei, dem Bier und etwas Salz einen dickflüssigen Backteig rühren.

Das Fett in einer Fritteuse oder in einer Pfanne mit hohem Rand auf 190 °C erhitzen. Wenn sich an einem Holzlöffel, den man in das heiße Fett hält, Blasen bilden, hat das Frittierfett die richtige Temperatur. Die Pilze zuerst in den Backteig tauchen und dann im heißen Fett etwa 5 Minuten goldbraun ausbacken. Sie herausheben, auf Küchenkrepp kurz abtropfen lassen und dann sofort servieren.
(Auf dem Foto: unten)

Tip:

Auch andere festfleischige Pilze schmecken im Bierteig sehr gut.

Quiche Lorraine mit Pilzen

- Besonders geeignet für Pfifferlinge
- Zubereitungszeit: ca. 1½ Std.
- Für 4 Portionen
- Dazu paßt ein Salat Niçoise

250 g Weizenmehl Type 405 • ½ TL Salz • 125 g kalte Butter • 4 EL Wasser • etwas Mehl zum Ausrollen • etwas Fett für die Form • 250 g Mischpilze • 6 Eier • ¼ l Crème fraîche • Salz • schwarzer Pfeffer • 100 g Speck in dünne Scheiben schneiden

---

Für den Teig Mehl, Salz, Butter in kleinen Stückchen und Wasser mit den Knethaken des Handrührgerätes zu einem glatten Teig verarbeiten.

Den Teig auf einer bemehlten Arbeitsfläche ausrollen. Die Backform einfetten, den Boden und den Rand der Form mit dem Teig auskleiden, ihn mit einer Gabel mehrmals einstechen und für etwa 30 Minuten kalt stellen.

Den Backofen auf 175 °C vorheizen. Die Pilze kurz aber sorgfältig waschen, trockentupfen, putzen und kleinschneiden. Die Eier und die Crème fraîche verquirlen, mit Salz sowie Pfeffer würzen und die Pilze daruntermischen.

Die mit dem Teig ausgelegte Backform auf der mittleren Einschubleiste des Backofens etwa 5 Minuten backen. Sie anschließend herausnehmen und die Speckscheiben auf dem Boden verteilen. Die Pilz-Eier-Masse darauf geben, die Quiche wieder in den Ofen stellen und in etwa 40 Minuten goldgelb backen.
(Auf dem Foto)

Ungarische Spiegeleier auf Pilzen

- Besonders geeignet für Boviste
- Zubereitungszeit: ca. 3/4 Std.
- Für 4 Portionen
- Dazu paßt ein gemischter Salat

1/4 Zwiebel • 600 g Mischpilze • 50 g Butter • 2 EL gehackte Petersilie • Salz • edelsüßes Paprikapulver • 150 ml Crème fraîche • 8 frische Eier • 50 g geriebener Emmentaler

Das Zwiebelviertel schälen und fein hacken. Die Pilze unter fließendem Wasser kurz aber sorgfältig waschen, trockentupfen, putzen und kleinschneiden. Etwa 4 Eßlöffel Butter in einer großen Pfanne erhitzen. Die Zwiebelwürfel und die Petersilie im heißen Fett glasig dünsten. Dann die Pilze hinzufügen und garen. Die Pilz-Zwiebel-Mischung mit etwas Salz und Paprikapulver abschmecken.

Den Backofen auf 175 °C vorheizen. Die Pfanne vom Herd nehmen und die Crème fraîche unter die Pilze rühren.

Eine flache, feuerfeste Form dünn mit der restlichen Butter einfetten und mit der Pilzmasse füllen. 8 Vertiefungen in die Masse drücken und jeweils ein rohes Ei hineingleiten lassen. Schließlich den Käse darauf streuen und das Ganze im vorgeheizten Backofen auf der untersten Einschubleiste etwa 8 Minuten hellgelb backen. Das Eiweiß sollte fest, das Eigelb jedoch noch weich sein.

Speckpilze in der Asche

- Besonders geeignet für Morcheln oder Trüffel
- Zubereitungszeit: ca. 1 Std.
- Für 4 Portionen
- Dazu passen Folienkartoffeln

250 g Mischpilze • 100 cl Cognac • je Pilz 1 Scheibe Speck • schwarzer Pfeffer • 1 EL Butter

Einen Holzkohlegrill vorheizen. Die Pilze kurz aber sorgfältig waschen, putzen, in eine kleine Schüssel geben, mit Cognac begießen und unter häufigem Wenden etwa 30 Minuten durchziehen lassen.

Die Speckscheiben gut pfeffern und je einen Pilz in eine Speckscheibe einwickeln. Je Speckpilz ein Stück Aluminiumfolie mit der Butter einfetten und die Speckpilze darin einschlagen. Das Ganze mit einer zweiten Aluminiumfolie umhüllen und tief in teils noch glühende, teils gerade ausgeglühte Holzkohle stecken. Die Pilze darin etwa 30 Minuten garen lassen.

Anschließend die Pilze aus der Asche nehmen, auspacken und servieren.

Tip:

Sie können die Pilze auch im vorgeheizten Backofen bei 175 °C etwa 20 Minuten garen.

Gefüllte Pilzhüte

- Besonders geeignet für Rötelritterlinge
- Zubereitungszeit: ca. 3/4 Std.
- Für 4 Portionen
- Dazu paßt ein kleiner gemischter Salat

12 große Pilzhüte • Saft von 2 Zitronen • Salz • schwarzer Pfeffer • 25 grüne Oliven • 4 Knoblauchzehen • 100 g Rindermark (vom Metzger) • 2 Sardellenfilets • 1 EL Butter

Den Backofen auf 200 °C vorheizen. Die Pilzhüte unter fließendem Wasser kurz aber sorgfältig waschen und putzen. Eine mittelgroße Pfanne zu etwa einem Drittel mit Wasser füllen und dieses darin zum Kochen bringen. Den Zitronensaft sowie die Pilzhüte hinzufügen und bei geringer Hitze etwa 5 Minuten ziehen lassen.

Anschließend die Pilze herausnehmen, auf Küchenpapier sorgfältig abtrocknen und mit Salz sowie Pfeffer würzen.

Für die Füllung die Oliven entkernen. Den Knoblauch schälen und beides fein hacken. Das Rindermark sowie die Sardellenfilets mit einer Gabel zerdrücken und alles gut mischen.

Eine feuerfeste Form dünn mit der Butter einfetten, die Pilzhüte nebeneinander mit der offenen Seite nach oben hineinlegen und jeweils 1 Löffel der Füllung in einen Hut geben. Das Ganze in den vorgeheizten Backofen geben und etwa 15 Minuten backen.
(auf dem Foto: oben)

Tip:

Dieses Rezept ist praktisch für alle Pilze geeignet, deren Hüte fest und dickfleischig sind.

Kartoffelgratin mit Pilzen

- Besonders geeignet für Mönchsköpfe oder Champignons
- Zubereitungszeit: ca. 1¾ Std.
- Für 4 Portionen
- Dazu paßt ein gemischter Blattsalat mit einer Vinaigrette

4 EL Butter • 2 Knoblauchzehen • 400 g Mischpilze • 800 g festkochende Kartoffeln • Salz • schwarzer Pfeffer • 250 g süße Sahne • 250 g Crème fraîche • 6 EL geriebener Emmentaler

Den Backofen auf 180 °C vorheizen. Inzwischen eine große, flache Auflaufform mit 2 Eßlöffeln Butter einfetten. Den Knoblauch schälen, durch eine Presse drücken und in der Backform verteilen. Die Pilze unter fließendem Wasser kurz aber sorgfältig waschen, trockentupfen, putzen und in feine Scheiben schneiden.

Die Kartoffeln schälen und mit dem Gemüsehobel fein hobeln. Die Hälfte der Kartoffelhobel dachziegelartig in die Auflaufform legen, mit Salz sowie Pfeffer würzen und die Pilze darauf verteilen. Darauf die restlichen Kartoffelhobel geben und das Ganze nochmals sehr intensiv mit Salz und Pfeffer würzen.

Die Sahne und die Crème fraîche miteinander verrühren und gleichmäßig auf die Kartoffel-Pilz-Mischung geben. Den Käse darauf streuen und zum Schluß die restliche Butter in kleinen Flöckchen auf die Oberfläche des Auflaufs setzen.

Den Auflauf auf der mittleren Schiene des Backofens 1 bis 1¼ Stunden goldgelb backen.
(Auf dem Foto: unten)

Kaninchen mit Pilzen

- Besonders geeignet für Morcheln
- Zubereitungszeit: ca. 2 Std.
- Marinierzeit: ca. 24 Std.
- Für 4 Portionen
- Dazu passen Spätzle und Rotkohl

1/2 l Buttermilch • 300 g Mischpilze • 2 EL Butter • Salz • schwarzer Pfeffer • 1 EL Butterschmalz • 1 küchenfertiges, zerteiltes Kaninchen (ca. 1,5 kg) • 1 TL getrockneter Estragon • 750 g süße Sahne • 2 TL instant Hühnerbrühe

Die Kaninchenteile zusammen mit der Buttermilch in eine Schüssel geben und etwa 24 Stunden im Kühlschrank marinieren. Die Pilze kurz aber sorgfältig waschen, trockentupfen, putzen und in dünne Scheiben schneiden. Die Butter in einer Pfanne heiß werden lassen und die Pilze zusammen mit etwas Salz darin kurz anbraten. Das Ganze mit Pfeffer abschmecken und die Pilzpfanne beiseite stellen.

In einer gußeisernen Pfanne das Butterschmalz erhitzen und die Kaninchenstücke darin von allen Seiten scharf anbraten. Dabei bereits den Estragon dazugeben. Anschließend das Fleisch in einen großen Schmortopf legen, salzen und pfeffern.

Den Bratensatz in der gußeisernen Pfanne mit etwas Sahne ablöschen, mit einem Schneebesen vom Boden loslösen und alles einkochen lassen, bis die Sauce gleichmäßig braun ist. Die restliche Sahne in kleinen Portionen nach und nach hinzufügen und immer wieder einkochen lassen, bis eine dicke, hellbraune Sauce entstanden ist. Diese mit der Hühnerbrühe würzen und die Pilze zusammen mit der Bratflüssigkeit hinzufügen.

Die Sauce mit Salz und Pfeffer pikant abschmecken und dann zum Kaninchen in den Schmortopf geben. Das Ganze zugedeckt bei geringer Hitze in etwa 75 Minuten garköcheln lassen.
(Auf dem Foto: links)

Lammkeule mit Pilzen

- Besonders geeignet für Mairitterlinge, Pfifferlinge oder Stockschwämmchen
- Zubereitungszeit: ca. 2 Std.
- Für 4 Portionen
- Dazu passen grüne Bohnen

1 Lammkeule • Salz • 2 EL Mehl Type 405 • 3 EL Butter • 5–6 junge, frische Zwiebeln • 1 Knoblauchzehe • schwarzer Pfeffer • 1/4 l trockener Weißwein • 500 g Mischpilze

Die Lammkeule waschen, salzen und mit etwas Mehl einreiben. Die Butter in einem großen Schmortopf erhitzen und das Fleisch darin von allen Seiten anbraten.

Die Zwiebeln sowie den Knoblauch schälen und fein hacken. Beides zur Lammkeule geben und glasig dünsten. Das Ganze mit etwas Pfeffer würzen, den Wein dazugießen und das Fleisch zugedeckt bei geringer Hitze in etwa 40 Minuten garen.

Währenddessen die Pilze unter fließendem Wasser kurz aber sorgfältig waschen, trockentupfen, putzen und feinblättrig schneiden. Sie mit wenig Mehl bestäuben, zur Keule geben und alles für weitere 40 Minuten zugedeckt köcheln lassen.

Das Fleisch und die Pilze zusammen auf einer Platte anrichten. Den Bratfond mit dem Schneebesen anlösen und mit Salz sowie Pfeffer pikant abschmecken. Die Sauce dann zur Lammkeule reichen.
(Auf dem Foto: rechts)

Tiroler Pilzknödel

- Besonders geeignet für Pfifferlinge
- Zubereitungszeit: ca. 1½ Std.
- Für 4 Portionen
- Paßt zu Wildgerichten

250 g Mischpilze • 6 alte Weißbrötchen • 3 Eier • ¼ l Milch • 1 kleine Zwiebel • 60 g Butter • Salz • Pfeffer • etwas Mehl Type 405 • 1 EL gehackte Petersilie

Den Backofen auf 200 °C vorheizen. Die Pilze kurz aber sorgfältig waschen, trockentupfen, putzen und in mundgerechte Stücke schneiden. Die Brötchen in Würfel schneiden, auf ein Backblech geben und im Backofen auf der mittleren Einschubleiste etwa 5 Minuten goldgelb rösten.

Anschließend in einer Schüssel die Eier mit der Milch und den Brötchenwürfeln vermischen. Die Zwiebel schälen und fein hacken. Die Butter in einer Pfanne erhitzen und die Zwiebelwürfel darin glasig dünsten.

Die kleingeschnittenen Pilze zu den Zwiebeln geben und weich dünsten. Dann das Ganze mit der Milch-Brötchen-Masse vermischen, mit Salz sowie Pfeffer abschmecken und etwa 1 Stunde ziehen lassen.

Gerade so viel Mehl dazu geben, daß sich der Teig formen läßt. Nun Knödel daraus formen. Reichlich Salzwasser in einem großen Topf zum Kochen bringen und die Knödel hineingeben. Die Hitze nach etwa 2 Minuten etwas reduzieren und die Knödel etwa 20 Minuten garziehen lassen. Die Pilzknödel mit der Petersilie bestreut servieren.
(Auf dem Foto: oben)

Pilze in feiner Krabbensauce

- Besonders geeignet für Wiesenchampignons
- Zubereitungszeit: ca. 1 Std.
- Für 4 Portionen
- Dazu passen Bandnudeln oder Reis

15 große Pilze • 1 Knoblauchzehe • 1 cm Ingwerwurzel • 2 EL neutrales Öl • Salz • 1 EL Sake, ersatzweise trockener Sherry • 150 g geschälte Krabben • 1 EL Stärkemehl • 1 TL Soyasauce • 1 TL Sesamöl

Die Pilze unter fließendem Wasser kurz aber sorgfältig waschen, trockentupfen und putzen. Etwas Wasser in einem kleinen Topf erhitzen und die Pilze darin zugedeckt etwa 15 Minuten dünsten. Sie anschließend herausnehmen und warm stellen.

Den Knoblauch schälen und in hauchdünne Scheiben schneiden. Den Ingwer schälen und sehr fein hacken. Das Öl in einer Pfanne erhitzen und den Knoblauch sowie den Ingwer darin kurz andünsten. Etwa 200 ml Wasser, die Pilze, etwas Salz sowie den Sake hinzufügen und das Ganze so lange leicht köcheln lassen, bis die ganze Flüssigkeit verdampft ist.

Inzwischen in einer Kasserolle etwa 125 ml Wasser erhitzen und die Krabben zusammen mit der Sojasauce und dem Sesamöl etwa 4 Minuten kochen.

Das Stärkemehl mit 2 Eßlöffeln Wasser anrühren, in die Sauce geben und diese kochen lassen, bis sie dicklich ist.

Die Pilze auf einer Platte anrichten und mit der Krabbensauce übergießen.

Geschmorte Kalbsschulter mit Pilzen

- Besonders geeignet für Austernseitlinge
- Zubereitungszeit: ca. 3 Std.
- Für 4 Portionen
- Dazu paßt gedünstetes Gemüse und Salzkartoffeln

3 EL Haselnußöl • 3 EL Butter • 1½ kg Kalbsschulter ohne Knochen • 1 kg Mischpilze • 6 EL trockener Weißwein • 120 ml Fleischbrühe • 1 Bund gemischte Kräuter (z. B. Petersilie, Basilikum, Estragon) • 4 EL gemahlene Haselnüsse • 7 EL Crème fraîche • Salz • schwarzer Pfeffer

Öl und Butter in einem großen Bräter erhitzen. Das Kalbfleisch waschen, von Häuten sowie Sehnen befreien, in grobe Stücke schneiden und im heißen Fett bräunen.

Die Pilze unter fließendem Wasser kurz aber sorgfältig waschen, trockentupfen, putzen und dann in feine Scheiben schneiden. Die Pilzscheiben, den Wein, die Fleischbrühe und das Kräutersträußchen zum Kalbfleisch geben und alles zugedeckt etwa 2 Stunden köcheln lassen.

Anschließend das Kräutersträußchen herausnehmen und die gemahlenen Haselnüsse sowie die Crème fraîche unter die Pilzmischung rühren. Das Ganze etwa ½ Stunde, ohne Deckel, auf die gewünschte Konsistenz einköcheln lassen und zum Schluß mit Salz sowie Pfeffer pikant abschmecken.
(Auf dem Foto: unten)

Muschelsuppe mit Pilzen

- Besonders geeignet für Steinpilze oder Braunkappen
- Zubereitungszeit: ca. 4½ Std.
- Für 4 Portionen
- Dazu paßt ein Feldsalat mit Speck

2 Knoblauchzehen • 1 Möhre • 1 Sellerieblatt • 90 g getrocknete Steinpilze • Salz • schwarzer Pfeffer • 300 g frische Mischpilze • 2 Schalotten • 4 EL Butter • 1 kg Miesmuscheln • Saft von 1 Zitrone • 1 Kräuterstrauß aus Thymian und Fenchel • 2 Zwiebeln • 120 ml trockener Weißwein • 1 Petersilienzweig • 2 Eigelb • 1 TL Rotweinessig

Den Knoblauch schälen und fein hacken. Die Möhre schälen und in feine Scheiben schneiden. Das Sellerieblatt waschen. Etwa 2 Liter Wasser in einem großen Topf zum Kochen bringen. Die getrockneten Steinpilze, das Sellerieblatt, den Knoblauch sowie die Möhre mit Salz und Pfeffer würzen, in den Topf geben und etwa 2½ Stunden bei geringer Hitzezufuhr leicht köcheln lassen. Anschließend den Pilzsud durch ein Sieb geben und beiseite stellen.

Inzwischen die frischen Mischpilze waschen, trockentupfen, putzen und in dünne Scheiben schneiden. Die Schalotten schälen und fein hacken. 2 Eßlöffel Butter in einem kleinen Topf erhitzen, Pilze und Schalotten darin bei geringer Hitze etwa 30 Minuten zugedeckt dünsten. Anschließend alles mit Salz sowie Pfeffer würzen.

Währenddessen die Muscheln sorgfältig waschen und zusammen mit dem Zitronensaft, dem Kräutersträußchen sowie etwas Salz in einen großen Topf geben. Die Muscheln bei großer Hitzezufuhr unter gelegentlichem Rühren sich öffnen lassen.

Anschließend das Muschelfleisch aus den Schalen lösen. Nicht geöffnete Muscheln wegwerfen.

Den Fenchel putzen, waschen und in kleine Würfel schneiden. Die Zwiebeln schälen und fein hacken. Etwa 2 Eßlöffel Butter in einem großen Topf erhitzen und die Zwiebelwürfel sowie den Fenchel darin glasig dünsten. Den Pilzsud, den Weißwein, die Pilzmischung sowie das Muschelfleisch hinzugeben. Die Suppe noch etwas mit Salz und Pfeffer nachwürzen.

Den Petersilienzweig hinzufügen und das Ganze bei geringer Hitze etwa 25 Minuten köcheln lassen. Die Petersilie entfernen und die Suppe vom Herd nehmen. Zum Schluß die Eigelbe zusammen mit dem Rotweinessig unter die Suppe schlagen und das Ganze sofort servieren.
(Auf dem Foto: links)

Fernöstliche Pilzsuppe

- Besonders geeignet für Judasohren
- Zubereitungszeit: ca. ³/₄ Std.
- Für 4 Portionen
- Dazu paßt warmer Reiswein

1 Handvoll Mischpilze • 3 Shiitakepilze • 1 Stange Lauch • 1 Möhre • 25 g Glasnudeln • 1 eingelegte, scharfe Peperoni • 3/4 l Hühnerbrühe • 1/2 TL Glutamat • 1 TL Mirin oder Zucker • etwas Salz • 2 TL Sojasauce • 2 TL Sesamöl

Die Pilze waschen, trockentupfen und putzen. Von den Shiitakepilzen die Stiele entfernen und die Hüte in Achtel schneiden. Die übrigen Pilze in Streifen schneiden.

Den Lauch putzen, waschen und in mundgerechte Stücke schneiden. Die Möhre schälen und in hauchdünne Scheiben schneiden.

Die Glasnudeln nach Packungsanweisung zubereiten, in einem Sieb abtropfen lassen und beiseite stellen. Die Peperoni in sehr dünne Streifen schneiden.

Die Hühnerbrühe in einem Topf zum Kochen bringen. Möhren, Lauch und Pilze hineingeben und etwa 15 Minuten in der Brühe kochen lassen.

Die Peperoni, die Gewürze, die Sojasauce, das Öl sowie die Glasnudeln hinzufügen und das Ganze nochmals kurz aufkochen lassen. Die Suppe anschließend noch einmal mit den Gewürzen abschmecken.
(Auf dem Foto: rechts)

Cremige Pilzsuppe

- Besonders geeignet für schuppige Porlinge oder Steinpilze
- Zubereitungszeit: ca. 1¼ Std.
- Für 4 Portionen
- Dazu paßt frisches Baguette

1 kg Mischpilze • Salz • 1 Prise Natron • 1 Zwiebel • 2 Knoblauchzehen • 3 EL Butter • 4 EL Mehl Type 405 • schwarzer Pfeffer • Tabasco • 1 frisches Eigelb • 3 EL süße Sahne • 1 Bund Schnittlauch

---

Die Pilze kurz aber sorgfältig waschen, trockentupfen, putzen und in mundgerechte Stücke schneiden. Reichlich Salzwasser mit einer Prise Natron zum Kochen bringen und die Pilze darin etwa 15 Minuten kochen. Den sich bildenden Schaum abschöpfen.

Anschließend die Pilze aus der Brühe nehmen und mit dem Schneidstab pürieren. Die Brühe beiseite stellen. Die Zwiebel sowie den Knoblauch schälen und fein hacken. In einem Topf die Butter erhitzen und beides darin glasig dünsten. Das Pilzmus hinzufügen, das Ganze mit Mehl bestäuben, gründlich durchrühren und alles kurz dünsten.

Anschließend so viel Pilzbrühe wie gewünscht hinzufügen und die Suppe unter häufigem Rühren etwa 25 Minuten kochen. Sie vom Herd nehmen, mit Salz, Pfeffer sowie Tabasco abschmecken und das Eigelb sowie die Sahne darunterziehen. Die Suppe nicht mehr kochen.

Den Schnittlauch waschen, trockenschütteln und in kleine Röllchen schneiden. Ihn unter die Pilzsuppe rühren und das Ganze servieren.

Niederrheinische Pilzsuppe

- Besonders geeignet für Boviste
- Zubereitungszeit: ca. ½ Std.
- Für 4 Portionen
- Dazu paßt Bauernbrot mit Kräuterbutter

750 g Mischpilze • 2 EL Butter • 1 l Fleischbrühe • Salz • schwarzer Pfeffer • 1 frisches Eigelb • süße Sahne • 1 TL getrockneter Estragon

---

Die Pilze kurz aber sorgfältig waschen, trockentupfen, putzen und kleinschneiden. 1 Eßlöffel Butter in einer Pfanne erhitzen und die Hälfte der Pilze darin braten. Sie herausnehmen und mit einem Schneidstab fein pürieren.

Das Pilzpüree sowie die Fleischbrühe in einen Topf geben, gründlich vermischen und zum Kochen bringen.

Etwa 1 Eßlöffel Butter in einer Pfanne erhitzen und die restlichen Pilze darin braten. Die Suppe mit Salz sowie Pfeffer abschmecken und die gebratenen Pilze hineingeben. Das Ganze vom Herd nehmen und das Eigelb sowie die Sahne darunterziehen. Die Suppe mit dem Estragon bestreut servieren.

Fischsalat mit Pilzen

- Besonders geeignet für Riesenporlinge
- Zubereitungszeit: ca. 3/4 Std.
- Für 4 Portionen
- Dazu paßt frisches Baguette

200 g Mischpilze • 4 EL Olivenöl • Saft von 1 Zitrone • Salz • 200 g Fischfilet • 200 g Tomaten • 2 hartgekochte Eier • 15 schwarze Oliven ohne Stein • 1 Knoblauchzehe • 1 EL Weißweinessig • 1 EL gehackte Petersilie • schwarzer Pfeffer • 8 Sardellenfilets in Öl

Die Pilze kurz aber sorgfältig waschen, trockentupfen, putzen und in feine Scheiben schneiden. 2 Eßlöffel Olivenöl in einer Pfanne erhitzen und die Pilze zusammen mit 1 Eßlöffel Zitronensaft und etwas Salz ungefähr 15 Minuten garen.

Etwa zweifingerbreit Salzwasser in einem Topf erhitzen und die Fischfilets in etwa 8 Minuten garziehen lassen. Sie herausnehmen und in grobe Stücke zerteilen. Das Fischwasser noch einmal aufkochen lassen, die Tomaten über Kreuz einritzen, für etwa 15 Sekunden ins kochende Wasser geben und dann enthäuten. Sie halbieren, von den Kernen befreien und das Fruchtfleisch in Scheiben schneiden.

Die hartgekochten Eier pellen und vierteln. Fisch, Pilze, Tomaten und Oliven in einer Salatschüssel vorsichtig vermischen.

Den Knoblauch schälen und sehr fein hacken. Aus Weinessig, 2 Eßlöffeln Olivenöl, dem restlichen Zitronensaft, Knoblauch, Petersilie, Salz und Pfeffer eine Marinade herstellen. Sie auf den Salat geben, darunter mischen und ihn für mindestens 1 Stunde kühl stellen. Dann den Salat mit Eivierteln und Sardellenfilets garnieren.
(Auf dem Foto)

Pilze mit Krabben und Mayonnaise

- Besonders geeignet für Schwefelporlinge oder Champignons
- Zubereitungszeit: ca. ½ Std.
- Für 4 Portionen
- Dazu paßt ein frisches Baguette

300 g Mischpilze • 1 Schuß Weißweinessig • 300 g geschälte Krabben • 6 EL Mayonnaise • 1 EL Zitronensaft • Salz • schwarzer Pfeffer • 1 Zweig Zitronenmelisse

Die Pilze kurz aber sorgfältig waschen, trockentupfen, putzen und in Stifte schneiden. Reichlich Wasser mit einem Schuß Essig in einem großen Topf erhitzen und die Pilze darin etwa 10 Minuten blanchieren.

Anschließend die Pilze herausnehmen, abtropfen lassen und mit den Krabben sowie mit der Mayonnaise vermischen. Dann das Ganze mit Zitronensaft, Salz und Pfeffer nach Belieben abschmecken.

Die Zitronenmelisse waschen, trockenschütteln und die Blätter von den Stielen zupfen. Sie fein hacken und auf die Pilz-Krabben-Mischung streuen.

Pilzsalat mit Blumenkohl

- Besonders geeignet für Wiesenchampignons
- Zubereitungszeit: ca. ¾ Std.
- Für 4 Portionen
- Dazu paßt Walnußbrot

250 g Mischpilze • 1 kleiner Blumenkohl • Salz • 3 EL Öl • 1 kleine Zwiebel • 1 EL Essig • 1 EL mittelscharfer Senf • Pfeffer • edelsüßes Paprikapulver • 1 EL gehackte Petersilie

Die Pilze sowie den Blumenkohl sorgfältig waschen und putzen. Den Blumenkohl in kleine Röschen teilen, die Pilze trockentupfen und kleinschneiden.

Reichlich Salzwasser in einem großen Topf zum Kochen bringen und den Blumenkohl darin in etwa 20 Minuten bißfest garen. 1 Eßlöffel Öl in einer Pfanne erhitzen und die Pilze darin kurz dünsten.

Die Zwiebel schälen, in kleine Würfel schneiden und mit Essig, 2 Eßlöffeln Öl, Senf, Pfeffer, Paprika und Salz zu einer Sauce verquirlen.

Die Sauce mit den Pilzen und dem Blumenkohl vermischen und vor dem Servieren mit der Petersilie garnieren.

Pilze bestimmen

Erkennungsmerkmale
der Lamellenpilze

•

Die häufigsten Pilzgruppen

•

Pilzportraits

Pilze bestimmen

Bei der wissenschaftlichen Untersuchung der Pilze verwenden die Mykologen viele Merkmale, die nur unter dem Mikroskop und bei Anwendung bestimmter Färbemethoden erkannt werden können. Nur so lassen sich sehr ähnliche Pilze sicher voneinander unterscheiden, verwandtschaftliche Beziehungen erkennen und für die Systematik auswerten. Dem Pilzfreund stehen diese Instrumente nicht zur Verfügung. Er muß daher neben wichtigen Kriterien wie Lebensraum und jahreszeitliches Vorkommen des Pilzes vor allem dessen Aussehen und Beschaffenheit als Bestimmungsmerkmale heranziehen. Dabei lautet der wichtigste Grundsatz für seine Arbeit stets:

Niemals einen Pilz nur nach einem „untrüglichen" Merkmal bestimmen!

Schlauch- und Bauchpilze – zu letzteren gehören z.B. Boviste und Erdsterne – sind im allgemeinen durch ihre charakteristische Gestalt gut erkennbar. Bei den Lamellen- oder Blätterpilzen, die den Hauptteil der Großpilze ausmachen, wird die Bestimmung schon schwieriger. Deshalb werden deren wichtigste Unterscheidungsmerkmale im folgenden genannt.

Strahlenförmiges Sporenmuster eines Lamellenpilzes

Erkennungsmerkmale der Lamellenpilze

Die Sporenfarbe

Sie läßt sich oft bereits im Gelände feststellen, wenn z. B. bei büschelig wachsenden Pilzen die unteren vom Sporenstaub darüberstehender Exemplare überpudert sind. Auch auf einem gekrümmten Stiel lagert sich oft eine Sporenschicht ab. Anderenfalls muß man einen reifen Pilz mitnehmen und zu Hause die Sporenfarbe bestimmen. Dazu wird der Stiel des Pilzes abgeschnitten und der Hut auf ein weißes Papier gelegt. Mit einem Gefäß wird das Ganze abgedeckt, um jeden Luftzug zu vermeiden. Nach einigen Stunden sind so viele Sporen ausgefallen, daß man sie mit bloßem Auge als Sporenpulver sehen kann. Bei den Lamellenpilzen entsteht ein strahlenförmiges Sporenmuster, entsprechend der Lamellenanordnung auf der Hutunterseite. Die Sporenfarben reichen von Weiß über Cremefarben, Gelb, Violett bis Schwarz. Für die Pilze einer Art ist die Sporenfarbe aber konstant. Damit ist sie nicht nur für die Lamellenpilze ein wichtiges Unterscheidungsmerkmal, sondern auch für die Röhrlinge und Porlinge.

Lamellen- und Hutformen

Freie, nicht am Stiel angewachsene Lamellen (siehe Abb. 1) haben zum Beispiel die Wulstlinge, zu denen der tödlich giftige Grüne Knollenblätterpilz und der ebenso giftige Frühlingsknollenblätterpilz gehören, aber auch Champignons, Dachpilze und Schirmlinge.

Mit Zahn herablaufend angewachsene Lamellen bilden um den Stiel den typischen „Burggraben" der Ritterlinge (siehe Abb. 4).

Die verschiedenen Hutformen sind in den Abbildungen 6 bis 12 graphisch dargestellt. Gewölbte, polsterförmige Hüte zeigen viele Blätterpilze und Röhrlinge im Jugendstadium. Die ausgewachsenen, reifen Exemplare sind oft ausgebreitet – niedergedrückt. Flach ausgebreitete Hüte zeigen viele Schirmpilze. Glockige Hüte kennzeichnen manche Tintlinge und Helmlings-Arten. Der trichterförmige Hut ist typisch für die Trichterlinge. Manchmal zeigen Pilzhüte zusätzlich noch eine gebuckelte oder genabelte Mitte, oft kennzeichnendes Merkmal einer Art.

Lamellenformen

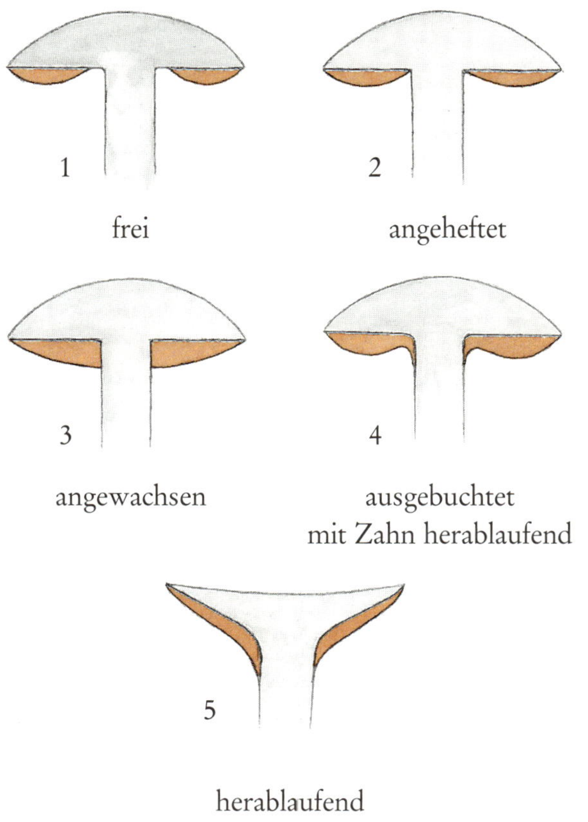

Hutformen

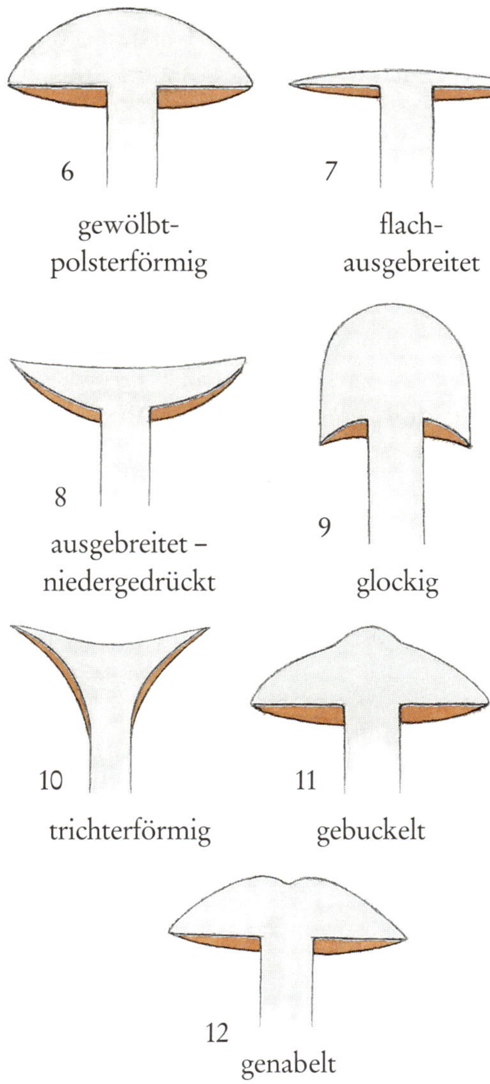

Gesamt- oder Teilhülle

Bei einer Reihe von Blätterpilzen sind die Fruchtkörper im Anfangsstadium von einer, den jungen Pilz völlig einschließenden Gesamthülle umgeben. Bei anderen Blätterpilzen, aber auch bei manchen Röhrlingen ist lediglich die sporenerzeugende Schicht des Fruchtkörpers durch eine Teilhülle geschützt. Die Wulstlinge, eine Familie, die man sich wegen der gehäuften Zahl von giftigen Arten ganz besonders einprägen sollte, haben sogar beides – Gesamt- und Teilhülle. Die **Gesamthülle** kann an verschiedenen Stellen zerreißen.

- Sie platzt am Scheitel des Hutes auf – ihre Reste umgeben wie ein offener Sack die Basis des Stieles (siehe Abb. 13). Z. B. Grüner Knollenblätterpilz, Frühlingsknollenblätterpilz.
- Sie platzt zuerst am unteren Ende auf – der Hut ist mit groben Schollen bedeckt, Reste der Hülle sind an der Stielbasis als kleine Flocken vorhanden oder fehlen (siehe Abb. 14). Z. B. Grauer Wulstling, Perlpilz.
- Sie platzt in der Mitte ringsum auf – der obere Teil bleibt in Form von Flocken auf der Oberseite des Hutes, der untere Teil umgibt wie ein Becher die Basis des Stieles (siehe Abb. 15). Z. B. Gelber Knollenblätterpilz.
- Sie platzt überall mehr oder minder gleichmäßig auf – der Hut ist mit Flocken bedeckt, die Basis des Stieles trägt gürtelartig angeordnete Schuppen (siehe Abb. 16). Z. B. Fliegenpilz.

Teilhülle

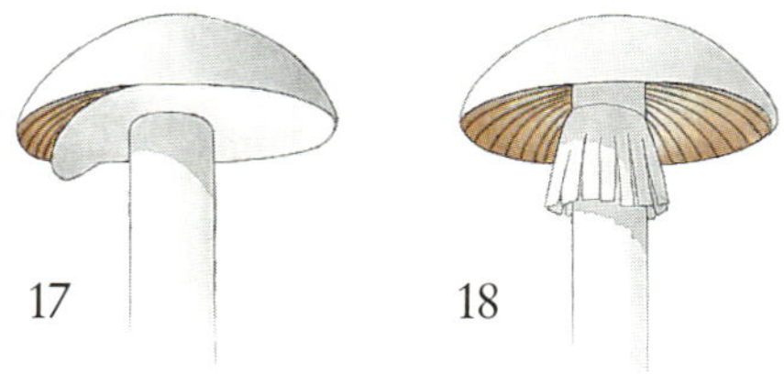
17 18

Die **Teilhülle** schützt lediglich die sporenerzeugende Schicht an der Unterseite des Hutes – die Lamellen oder bei einigen Röhrenpilzen die Röhrenschicht – und reicht vom Hutrand bis an den Stiel (siehe Abb. 17). Sie reißt bei der Streckung des Fruchtkörpers auf und verbleibt beim ausgewachsenen Pilz als Ring am Stiel (siehe Abb. 18) oder als flockiger Behang am Hutrand. Ringförmige Überreste der Teilhülle finden wir beispielsweise bei Wulstlingen, Champignons und Schirmlingen. Bei den Haarschleierlingen und einigen weiteren Arten besteht sie aus einem mehr oder weniger feinen spinnwebartigen Schleier, dessen Überreste beim ausgewachsenen Pilz oft kaum noch zu erkennen sind.

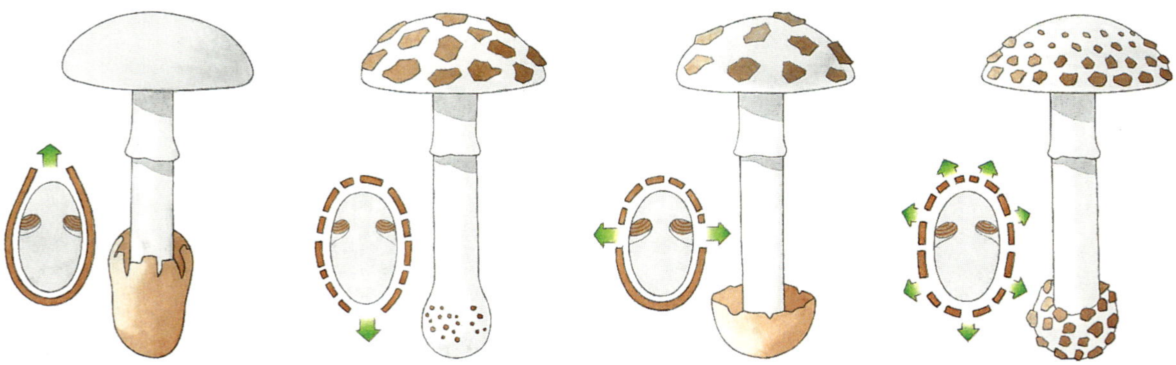
13 14 15 16

Beschaffenheit von Hut und Stiel

Neben seiner Form besitzt der **Hut** weitere wichtige Erkennungsmerkmale:

- Beschaffenheit der Huthaut: Sie kann kahl oder geschuppt, abziehbar oder nicht abziehbar, faserig, gezont, stumpf oder glänzend, schleimig, schmierig oder trocken sein.
- Aussehen des Hutrandes: Er kann gerieft oder ungerieft, glatt, eingerollt oder faserig bis bärtig behangen sein.

Ebenso zeigen die **Stiele** eine Vielzahl verschiedener Merkmale: Sie können lang oder kurz, dick oder dünn, vollfleischig, hohl, zellig hohl oder wattig ausgestopft sein. Meist sind sie faserig, bei den Täublingen und Milchlingen jedoch brechen sie ohne zu fasern quer durch. Viele Stiele zeigen einen Ring oder Reste eines Haarschleiers. Andere besitzen eine Knolle am Grund oder sind keulenförmig verdickt. Bei manchen Arten sind die Stiele in typischer Weise geschuppt oder mit einem Netz- oder Flockenmuster versehen.

Farbe des Pilzes

Die Farbe der Pilze ist nur bedingt ein Unterscheidungsmerkmal. Gewiß ist eine Art grün, die andere rot oder weiß. Die Schwankungen innerhalb dieser einzelnen Grundfarben sind jedoch außerordentlich groß. Je nach Feuchtigkeit, Lichteinstrahlung oder Wachstumsgeschwindigkeit variieren sie bis zur völligen Unkenntlichkeit einer Art. So ist der Grüne Knollenblätterpilz beileibe nicht immer grün! Graue, braune und fast weiße Exemplare sind keine Seltenheit.

Das Fleisch

Wichtige Rückschlüsse auf die Art liefert hingegen häufig das Fleisch. Sei es, daß es sich bei Druck, Verletzung oder Schnitt verfärbt, wie das bei einigen Röhrlingen der Fall ist, die mehr oder weniger blau anlaufen oder beim Kahlen Krempling, dessen Fleisch braun verfärbt. Die Champignons unterscheiden wir nach rötenden oder gilbenden Arten. Der giftige Ziegelrote Rißpilz verfärbt sich ziegelrötlich – wesentlicher Unterschied zum eßbaren Maipilz.

Geruch und Geschmack

Bei vielen Arten hat das Fleisch einen arttypischen Geruch oder Geschmack. Verbreitet ist der Mehlgeruch, den einige im Frühjahr wachsende Rötlinge, der Maipilz und der Schuppige Porling haben. Unverkennbar ist der Kartoffelkeimgeruch des Gelblichen Knollenblätterpilzes, der Geruch nach Zigarrenkistenholz beim Zedernholztäubling, der Aasgeruch des Satansröhrlings oder der widerliche Karbolgeruch beim Karbolegerling. Nicht anders verhält es sich mit dem Geschmack. So schmeckt das Fleisch des Fleischroten Speisetäublings und einiger weiterer Arten nußartig, das des Hallimasch ist hingegen zusammenziehend wie essigsaure Tonerde.

Übrigens ist die Geschmacksprobe mit einem kleinen Pilzstückchen in fast allen Fällen ungefährlich. Einzig bei den hochgiftigen Knollenblätterpilzen ist diese Probe unbedingt zu unterlassen.

Die häufigsten Pilzgruppen

Schlauchpilze

Becherlinge *(S. 98 – S. 102)*
Diese Pilze haben einen becher-, schüssel- oder scheibenförmigen Fruchtkörper und sind nur wenige cm groß. Oft sind sie auffällig gefärbt. Die hier genannten Arten haben eine ähnliche Gestalt, sind aber nicht alle miteinander verwandt. Sie gehören zu verschiedenen Familien, der Morchelbecherling z. B. zu den Morcheln.

Lorcheln *(S. 102 – S. 104)*
Lorcheln sind gekennzeichnet durch einen gutentwickelten Stiel und einen sattelförmigen oder hirnartig gewundenen Hut.

Morcheln *(S. 104 – S. 107)*
Sie haben einen wabenartig gekammerten Hut, der ganz oder teilweise mit dem Stiel verwachsen ist. Nur bei der Fingerhutverpel ist er glatt und wie ein Fingerhut über den Stiel gestülpt.

Gallertkäppchen *(S. 108)*
Sie sind kleine, gelbe oder grünliche Pilze und gallertig weich. Sie wachsen auf feuchtem Boden oder auf nassen Nadeln, Zapfen und Zweigen.

Kernkeulen *(S. 108)*
Diese Pilze sind Parasiten und wachsen auf Insekten, deren Puppen oder auf Hirschtrüffeln.

Holzkeulen *(S. 110)*
Sie haben keulenförmige oder geweihförmige, schwärzliche Fruchtkörper mit korkartigem, zähem Fleisch und wachsen an Holz.

Ständerpilze

Großkeulen *(S. 111)*
Diese auf dem Boden wachsenden Pilze fallen durch ihren keulenförmigen, bräunlichen Fruchtkörper auf. Ihr Fleisch ist weiß und weich.

Korallenpilze *(S. 112 – S. 114)*
Korallenpilze ähneln durch ihren verzweigten Fruchtkörper den Korallen der tropischen Meere. Die Arten, die hier zusammengefaßt sind, haben eine ähnliche Gestalt, sind aber nicht alle miteinander verwandt. Sowohl die Kammförmige Koralle als auch die Krause Glucke bilden eine eigene Familie.

Pfifferlingsartige *(S. 116 – S. 119)*
Diese Pilze sind unter der Bezeichnung Leistenpilze bekannt. Auch das Schweinsohr, das heute zu einer eigenen Familie gehört, wurde zu ihnen gezählt. Auffällig sind bei diesen Pilzen die meist reich gegabelten, wulstartigen Leisten an der Hutunterseite.

Stachelpilze *(S. 120 – S. 121)*
Die 3 abgebildeten Arten haben auf der Hutunterseite keine Lamellen, sondern Stacheln. Auch hier handelt es sich um ähnliche, aber nicht eng miteinander verwandte Pilze. Sie gehören zu 3 Familien.

Rindenschichtpilze *(S. 123)*
Diese Pilze bilden dünne, lederartig zähe Krusten an Holz, die sich teilweise abheben und dann weit abstehen. Sie ähneln manchen Porlingen, man kann aber keine Poren auf ihrer Unterseite erkennen.

Porlingsartige *(S. 123)*
Diese Pilze sind den Porlingen ähnlich, aber ihre Fruchtkörper entwickeln sich in kurzer Zeit und können dabei im Wege stehende Äste und Stiele nicht umwachsen, sondern schieben sie beiseite. Sie sind Fäulnisbewohner.

Porlinge *(S. 122, S. 124 – S. 132)*
Im Gegensatz zu den Röhrlingen läßt sich bei ihnen die Poren- und Röhrenschicht, in der die Sporen gebildet werden, nicht oder nur sehr schwer von der Unterseite der Fruchtkörper trennen. Bei manchen Arten ist diese Poren-

schicht in lamellenartige oder mäandrische Formen aufgelöst. Porlinge leben vorwiegend auf Holz. Ihre Fruchtkörper sind weichfleischig oder auch holzartig oder korkartig zäh. Bei manchen sind Hut und Stiel deutlich zu unterscheiden, die Mehrzahl von ihnen ist konsolen- oder hutförmig an Holz angewachsen. Dabei sind die Pilze häufig dachziegelartig übereinander angeordnet oder bilden längere Reihen.

Dunkelröhrlinge *(S. 133, S. 135 oben)*
Die Pilze dieser Gruppe unterscheiden sich von den Röhrlingen durch die düsterbraune Farbe des Sporenstaubes, und düster sehen auch die Fruchtkörper aus.

Röhrlinge *(S. 134 – S. 150)*
Bei den Röhrlingen handelt es sich durchweg um Pilze mit Hut und zentralem Stiel, deren Fruchtschicht aus zahllosen nicht miteinander verwachsenen Röhren besteht. Sie läßt sich im Gegensatz zu der der Porlinge leicht vom Hutfleisch lösen.

Kremplinge *(S. 115, S. 151 – S. 152)*
Die Kremplinge sind mit nur wenigen Arten in Mitteleuropa vertreten. Sie haben ihren Namen nach dem lange Zeit eingerollten (eingekrempelten) Hutrand. Der Hut hat bräunliche, am Stiel herablaufende Lamellen, die sich leicht vom Hutfleisch ablösen lassen, und braunen Sporenstaub. In ihren Verwandtschaftskreis gehört auch der Falsche Pfifferling.

Gelbfüße *(S. 152 – S. 154)*
Die Gelbfüße sind mit nur wenigen Arten in Mitteleuropa vertreten. Sie sind gekennzeichnet durch graue oder braune, herablaufende Lamellen. Junge Exemplare haben einen schleimigen oder faserigen Schleier zwischen Hutrand und Stiel, der Stiel ist an der Basis gelb.

Wachsblättler *(S. 155 – S. 157)*
Die Wachsblättler sind weichfleischige, oft farbenprächtige Pilze mit wachsartigen, dicken, entfernt stehenden Lamellen, weißem Sporenstaub und bei Feuchtigkeit schmierigem Hut.

Hellblättler *(S. 158 – S. 178 oben, S. 180 – S. 181)*
Die Hellblättler gehören mit etwa 60 Gattungen und mehr als 600 Arten zu den größten Familien der Blätterpilze. Ihre Fruchtkörper haben angewachsene, dünne Lamellen, meist einen zentralen Stiel und manchmal einen Ring. Der Sporenstaub ist meist weiß, aber auch cremefarben oder rosa. Eine Gesamthülle fehlt.

Rotblättler *(S. 178 – S. 179, S. 182)*
Rotblättler haben nur bei jungen Exemplaren weiße Lamellen, sie werden aber bald rötlich. Die Lamellen sind am Stiel angeheftet bis breit angewachsen oder laufen am Stiel herab, sie stehen niemals frei. Der Sporenstaub ist rosa.

Dachpilzartige *(S. 183 – S. 184)*
Diese Pilze haben ihren Namen nach den dachartig abgeflachten Hüten mit weichen, freistehenden Lamellen. Der Sporenstaub ist rosabräunlich. Sie sind Fäulnisbewohner. Nur bei den Scheidlingen ist eine Gesamthülle ausgebildet, welche die Stielbasis nach dem Zerreißen als scheidenartige Hauttasche umgibt.

Wulstlingsartige *(S. 185 – S. 192)*
Die Wulstlingsartigen haben freie, weiß bleibende Lamellen und einen oft mit einem Ring versehenen, am Grunde knolligen Stiel. Der Sporenstaub ist weiß. Junge Pilze sind oft von einer Gesamthülle umgeben. Diese bleibt nach dem Zerreißen entweder als scheidenartige Hauttasche an der Stielbasis oder in Form von flockigen Hüllresten auf dem Hut zurück. Unter den Wulstlingen gibt es viele Giftpilze.

Egerlingsartige *(S. 193 – S. 202)*
Diese Familie umfaßt die großen Schirmlinge mit ihrem leicht verschiebbaren Ring, die kleineren Schirmlinge, deren Ring nicht verschiebbar ist, und die Champignons (Egerlinge). Alle haben freie Lamellen, im Jugendstadium eine Teilhülle. Der Sporenstaub ist bei den Champignons dunkelbraun, bei den anderen weiß.

Schwarzblättler *(S. 204 – S. 208)*
Zu den Schwarzblättlern gehören kurzlebige Pilze mit zentralem Stiel, schwarzem oder schwarzbraunem Sporenstaub und nicht freistehenden Lamellen. Bei vielen Arten zerfließen die Hüte bei der Sporenreife zu einer tintenartigen Flüssigkeit.

Mistpilzartige *(S. 208 – S. 210)*
Die Mistpilzartigen umfassen kleine, zartfleischige Arten mit braunem Sporenstaub, deren zentrale Stiele nicht geschuppt sind.

Träuschlingsartige *(S. 210 – S. 217)*
Zu den Träuschlingsartigen gehören sowohl an Holz als auch auf dem Boden wachsende Arten mit braunem bis dunkel braunviolettem Sporenstaub und am Stiel angewachsenen Lamellen.

Schleierblättler *(S. 216, S. 218 – S. 220)*
Die Schleierblättler sind die artenreichste Familie der Blätterpilze. Zu ihnen gehören Pilze mit gelbbraunem bis rostbraunem Sporenstaub. Bei manchen Arten ist die Teilhülle schleierartig ausgebildet. Die Zahl der eßbaren Arten ist gering, und die zahlreichen Giftpilze sollten den Pilzfreund vom Sammeln dieser Pilze abhalten.

Sprödblättler *(S. 221 – S. 239)*
Die Familie der Sprödblättler umfaßt die Täublinge und die Milchlinge. Sie sind gekennzeichnet durch sprödes, brüchiges Fleisch – die Stiele brechen quer durch, ohne im geringsten zu fasern – und spröde, beim Darüberstreichen mit einem spitzen Gegenstand splitternde, angewachsene Lamellen. Milchlinge sondern bei Verletzung außerdem je nach Art verschiedenfarbigen Milchsaft ab. Der Sporenstaub ist weiß bis ledergelb. Alle Täublinge und Milchlinge mit mildem Geschmack sind eßbar, scharfe, bittere und übelriechende ungenießbar oder in einigen Fällen giftig.

Rutenpilze *(S. 240 – S. 241)*
Die Pilze dieser Familie entwickeln sich aus einem kugeligen Körper, dem Hexenei. Der Stiel ist hohl und am oberen Ende dunkler gefärbt. Dieser Teil ist mit einem zähen Schleim überzogen. Die Sporen werden durch Insekten verbreitet. Nahe verwandt ist der Tintenfischpilz.

Bauchpilze *(S. 242 – S. 247)*
Bei den Bauchpilzen reifen die Sporen im Innern des Fruchtkörpers, und zur Reifezeit öffnet sich dessen trockenhäutige Hülle am Scheitel. Wenn Regentropfen auf die Hülle fallen oder ein Tier darauftritt, wird der Sporenstaub in dichten Wolken ausgeblasen. Zu den Bauchpilzen gehören mehrere Familien, die bei uns mit nur wenigen Arten vertreten sind.

Gallert- oder Zitterpilze *(S. 248 – S. 249)*
Sie haben ihren Namen von den gallertartigen Fruchtkörpern, die bei Berührung wie Gelatine zittern. Sie sind Holzbewohner, und ihre Fruchtkörper liegen dem Substrat eng an.

Bei den Pilzportraits sind nach den deutschen Namen jeweils auch die wissenschaftlichen angegeben. Von den letzteren mußte aufgrund neuerer Untersuchungen eine ganze Reihe geändert werden. Um die Verwirrung in Grenzen zu halten, sind die geläufigen, aber nicht mehr gültigen Namen in Klammern hinzugefügt worden.

Orangebecherling – Aleuria aurantia

Kastanienbrauner Becherling – Peziza badia

Orangebecherling
Aleuria aurantia (Peziza aurantia)

Fruchtkörper: Flach schüsselförmig, ungestielt, bis 10 cm im Durchmesser. Innen lebhaft orangerot, außen heller gelblichrot und weißlich bereift, an ein Stück Apfelsinenschale erinnernd. Fleisch dünn, wachsartig, brüchig. Geruch- und geschmacklos.

Vorkommen: Frühsommer bis Herbst auf lehmigen Waldwegen und Brachflächen, oft in größeren Gruppen.

Verwechslung: Höchstens mit ähnlichen, kleineren, rötlichen Becherlingen, die jedoch ebenfalls nicht giftig sind.

Wert: Eßbar, doch ohne jeden Eigengeschmack. Wegen ihrer lebhaften Färbung können die Pilze zur Verzierung von Salaten verwendet werden.

Kastanienbrauner Becherling
Peziza badia

Fruchtkörper: Blasen- bis schüsselförmig, 2–8 cm breit, ungestielt, lange mit eingerolltem Rand. Innen braun, außen blasser, oft mit purpurbraunen Farbtönen, bereift, an verletzten Stellen mit wäßrigem Saft. Fleisch dünn, wachsartig brüchig. Geruch- und geschmacklos.

Vorkommen: Frühsommer bis Herbst auf sandigen und lehmigen Böden, auf Waldwegen im Laub- und Nadelwald, an Grabenrändern und Wegböschungen. Verhältnismäßig häufig.

Verwechslung: Mit anderen braunen Becherlingen, von denen es eine ganze Reihe gibt, die aber ebenfalls ungenießbar sind.

Wert: Ohne Eigengeschmack, bedeutungslos.

Blasiger Becherling
Peziza vesiculosa

Fruchtkörper: Jung blasenförmig mit kleiner Öffnung, alt schüsselartig mit vielfach eingerissenem Rand, 5–10 cm, manchmal auch bis 15 cm breit. Innen braun, außen heller und kleiig bereift. Oft in dichten Gruppen und dann deformiert. Fleisch derb, wachsartig brüchig. Geruch- und geschmacklos.

Vorkommen: Überall verbreitet. Innerhalb und außerhalb von Wäldern auf gedüngtem Boden. Auch auf Sägemehl und sogar auf Misthaufen.

Verwechslung: Mit anderen braunen Becherlingen, die ohne Mikroskop kaum voneinander zu unterscheiden, jedoch ebenfalls eßbar sind.

Wert: Ohne Geschmack, bedeutungslos.

Blasiger Becherling – Peziza vesiculosa

Morchelbecherling
Disciotis venosa

Fruchtkörper: Anfangs schüssel- bis schalenförmig, dann ausgebreitet, oft runzlig-hirnartig gewunden, braun, außen heller und bereift. Fleischig, wachsartig brüchig. Typisch ist der intensive Chlorgeruch, der sich aber beim Kochen verliert.

Vorkommen: Im Frühjahr zur Morchelzeit (siehe Tabelle S. 40), an den selben Standorten wie diese. In Auwäldern mit schweren, lehmigen Böden und in Obstgärten.

Verwechslung: Durch seinen Chlorgeruch ist der Morchelbecherling mit keinem anderen Becherling zu verwechseln.

Wert: Eßbar, aber wenig Eigengeschmack.

Morchelbecherling – Disciotis venosa

Anemonenbecherling – Dumontiona tuberosa

Anemonenbecherling

Dumontiona tuberosa
(Sclerotinia tuberosa)

Fruchtkörper: Pfenniggroß, braun, langgestielt. Der Pilz, entspringt einem etwa 1 cm breiten Sclerotium – einer äußerlich schwarzgefärbten, knolligen Dauerform des Myzels, das mit den Wurzeln der Buschwindröschen (Anemonen) in Verbindung steht. Fleisch dünn und brüchig.

Vorkommen: Im Frühjahr in Auwäldern, ausschließlich in der Nähe von Anemonen.

Verwechslung: Bei Beachtung des Standortes nicht zu verwechseln.

Wert: Wegen seiner Kleinheit bedeutungslos.

Schildborstling – Scutellinia scutellata

Schildborstling

Scutellinia scutellata

Fruchtkörper: Kaum pfenniggroß, sehr flach schüsselförmig. Innen leuchtend rot, außen gelbbraun, am Rand dicht mit braunen Borsten besetzt. Fleisch wie bei allen Becherlingen wachsartig brüchig.

Vorkommen: Frühjahr bis Herbst auf totem, faulendem Holz.

Verwechslung: Es gibt noch einige kleine orangerote Becherlinge, zum Teil auch mit Borsten am Rand.

Wert: Wegen seiner Kleinheit bedeutungslos.

Hochgerippter Becherling – Paxina acetabulum

Hochgerippter Becherling
Paxina acetabulum

Fruchtkörper: Gestielt, 4-10 cm breit, mit auffälligen furchigen Rippen, die vom Stielgrund aufsteigen und sich gabelartig verzweigen. Zunächst halbkugelig, dann pokalförmig. Innen braun bis dunkelbraun, außen häufig heller. Stiel kurz, kräftig, weißlich, gekammert-hohl.

Vorkommen: Von Mai bis Juni in Laub- und Nadelwäldern, an Wegen und Böschungen. Nicht gerade häufig.

Verwechslung: Es gibt noch einige gerippte Becherlinge, deren Speisewert ebenfalls unbedeutend ist.

Wert: Das Fleisch ist zäh und ohne besonderen Wohlgeschmack.

Schmutzbecherling – Bulgaria inquinans

Schmutzbecherling
Bulgaria inquinans

Fruchtkörper: Bis 3 cm breit, zunächst kreiselförmig, dann abgeflacht mit glänzender, rotbrauner bis schwarzer Scheibe. Hornartig austrocknend. Oft in großen Gruppen und dann deformiert. Gibt so viele schwärzliche Sporen ab, daß der Untergrund schmutzig wirkt, daher der Name.

Vorkommen: Frühjahr bis Herbst vorwiegend an gefällten Eichenstämmen, oft in riesigen Stückzahlen. Überall verbreitet.

Verwechslung: Bei Beachtung des Standortes nicht zu verwechseln.

Wert: Ungenießbar.

Frühjahrslorchel – Gyromitra esculenta

Frühjahrslorchel
Gyromitra esculenta

Fruchtkörper: Hut 3-8 cm, manchmal bis 12 cm breit. Rotbraun bis dunkelbraun, hirnartig gewunden, nicht hohl, mit dem Stiel verwachsen. Stiel hohl, weißlichgrau, ziemlich dick, unregelmäßig gerippt. Fleisch dünn, wachsartig brüchig mit angenehmem Geruch und Geschmack.

Vorkommen: Im Frühjahr, schon ab März, in Kiefernwäldern, vor allem in Jungbeständen. Vereinzelt auch auf verrottetem Mulm von Laubholzstümpfen.

Verwechslung: Immer wieder wird die Frühjahrslorchel mit Morcheln verwechselt, die jedoch wabenartig gekammerte Hüte haben!

Wert: GIFTIG! Hat bereits Todesfälle verursacht. Die Frühjahrslorchel ist früher abgekocht oder mehrere Monate getrocknet als „Speiselorchel“ in großen Mengen gehandelt und gegessen worden. (Siehe auch Kapitel „Giftpilze und Pilzvergiftungen“!)

Herbstlorchel
Helvella crispa

Fruchtkörper: Bis 15 cm hoher Pilz. Hut weißlich, unregelmäßig sattelförmige, dünne Lappen bildend. Stiel weißlich, ziemlich kräftig, stark längsfurchig-grubig, innen gekammert, hohl. Fleisch weiß, dünn, zäh. Geruch und Geschmack bei jungen Pilzen angenehm, bei alten süßlich.

Vorkommen: Sommer bis Herbst vor allem in Laub- und Mischwäldern, nicht selten.

Verwechslung: Es gibt mehrere ähnliche Lorchelarten, die nicht so weiß gefärbt, aber ebenfalls genießbar sind.

Wert: Eßbar. Etwas zäh, doch wohlschmeckend.

Herbstlorchel – Helvella crispa

Elastische Lorchel
Leptopodia elastica

Fruchtkörper: Ein 3-6 cm, manchmal auch bis 9 cm hoher Pilz. Hut 1-3 cm breit. Graubraun bis braun, sattelförmig-lappig, mit nach innen gebogenen Rändern. Die einzelnen Lappen sind glatter und regelmäßiger als bei den vorherigen Arten. Stiel schlank, glatt, nicht gefurcht, weiß und hohl, beim Biegen zäh. Fleisch dünn und brüchig.

Vorkommen: Sommer bis Herbst in Laub- und Nadelwäldern, unter Hecken und Gebüschen.

Verwechslung: Diese Art ist in Form und Farbe sehr variabel, aber an dem elastischen, hellen Stiel zu erkennen. Es gibt ähnliche, bräunliche Lorcheln.

Wert: Wertlos, aufgrund ihres sehr zähen Fleisches.

Elastische Lorchel – Leptopodia elastica

Grubenlorchel – Helvella lacunosa

Grubenlorchel
Helvella lacunosa

Fruchtkörper: Ein 3–8 cm hoher Pilz, blaugrau bis schwärzlich. Hut 2–3-spitzig oder unregelmäßig verbogen, dünn. Stiel dunkelgrau bis graubräunlich, stark längsfurchig-grubig, gekammert, hohl. Fleisch dünn, brüchig. Geruch und Geschmack: Erst angenehm würzig, dann erdig-dumpf und unangenehm.

Vorkommen: Sommer bis Herbst vor allem in Laubwäldern.

Verwechslung: Es gibt mehrere graue bis schwärzliche Lorcheln, die jedoch einen helleren Stiel besitzen.

Wert: Eßbar. Etwas zäh, jung aber wohlschmeckend.

Speisemorchel – Morchella esculenta

Speisemorchel
Morchella esculenta

Fruchtkörper: Pilz bis 15 cm hoch. Hut rundlich-kugelförmig (Typ der Rundmorcheln). Graubraun bis braun, grob und unregelmäßig wabenartig gekammert. Hutrand am Stiel angewachsen. Stiel weißlich bis gelblich, feinkleiig, gefurcht, unten dicker und oft grubig. Der ganze Pilz ist hohl. Fleisch dünn, wachsartig brüchig, mit angenehmem, aromatischem Geruch und Geschmack.

Vorkommen: Im Frühjahr, ab April, in manchen Jahren auch schon im März, in Auwäldern und Parks, besonders bei Eschen, Ulmen und Pappeln. Nach alter Erfahrung fällt die Hauptmorchelzeit mit der Apfelblüte zusammen.

Verwechslung: Mit ähnlichen Morcheln, die jedoch alle eßbar sind. Nicht mit der Frühjahrslorchel verwechseln (siehe S. 102!). Diese wächst in Nadelwäldern, hat einen hirnartig gewundenen, nicht hohlen Hut und ist tödlich giftig.

Wert: Eßbar. Neben der Perigordtrüffel für viele Feinschmecker der kostbarste Speisepilz.

Spitzmorchel

Morchella conica
(Morchella elata)

Fruchtkörper: Im Gegensatz zur vorigen Art ist der Hut hier kegelig ausgebildet (Typ der spitzen Morcheln), bis 10 cm hoher und 4 cm breiter Pilz, innen hohl. Hut stumpfkegelig, hell- bis dunkelbraun, wabig gekammert, mit stärker ausgebildeten Längsrippen, die deutlich hervortreten. Hutrand abgesetzt, am Stiel angewachsen. Stiel weißlich bis gelb, feinkleiig. Fleisch wachsartig brüchig, mit angenehmem, später dumpf-erdigem Geruch und mildem Geschmack.

Vorkommen: Nur im Frühjahr, ab April. In Auwäldern, unter feuchten Hecken und Gebüschen, an farnbewachsenen Nadelwaldrändern. In der Ebene offenbar seltener als in höheren Lagen.

Verwechslung: Früher wurde die Hohe Morchel *(Morchella elata)* als eigene Art angesehen, sie fällt jedoch in die Variationsbreite der Spitzmorchel. Nicht mit der Frühjahrslorchel verwechseln, die sehr giftig ist (siehe S. 102)!

Wert: Eßbar. Hervorragender Speisepilz.

Spitzmorchel – Morchella conica

Käppchenmorchel – Mitrophora semilibera

Käppchenmorchel
Mitrophora semilibera

Fruchtkörper: Der Hutrand ist im Gegensatz zu der zuvor genannten Art nicht mit dem Stiel verwachsen, sondern ist im unteren Teil über den Stiel hinaus frei, daher auch der Name „Käppchenmorchel". Pilz meist 4–15 cm hoch, es werden jedoch auch größere Exemplare gefunden. Hut kegelförmig, ziemlich klein, mit scharfen Längsrippen und großen, unregelmäßigen, wabenförmigen Kammern, braun. Stiel weißlich bis gelb, feinkleiig, hohl. Fleisch sehr brüchig, dünn, mit unangenehmem, dumpfem Geruch.

Vorkommen: Im Frühjahr, manchmal bereits ab März, in Auwäldern und in Parkanlagen unter Weißdorn. Mancherorts selten, in den Auwäldern der niederrheinischen Mittelterrasse aber die am meisten verbreitete Morchel.

Verwechslung: Nicht zu unterscheiden ist die Glocken-Morchel *(Mitrophora hybrida)*, die von manchen Autoren als eigene Art gewertet wird. Nicht mit der Frühjahrslorchel verwechseln (siehe S. 102)!

Wert: Eßbar. Von köstlichem Wohlgeschmack.

Fingerhutverpel
Verpa conica (Verpa digitaliformis)

Fruchtkörper: Hut mit freien Rändern, nur mit der Stielspitze verwachsen, braun, fingerhutförmig mit eingedrücktem Scheitel, glatt oder feinfaltig, etwa 2 cm breit und 2–3 cm hoch. Stiel schlank, gelblich, kleiig-flockig, innen gekammert, bald hohl. Fleisch wachsartig brüchig, dünn.

Vorkommen: April bis Mai, in Auwäldern, unter Hecken und Gebüschen. Sehr selten.

Fingerhutverpel – Verpa conica

Verwechslung: Durch ihre Form nicht zu verwechseln.

Wert: Eßbar, doch wegen der geringen Größe nicht ergiebig. Sollte wegen ihrer Seltenheit geschont werden!

Puppenkernkeule
Cordyceps militaris

Fruchtkörper: Kleiner, bis 5 cm hoher Pilz. Kopf orange bis orangerot, spitz keulenförmig, Oberfläche punktiert. Stiel weißlich bis orangegelblich, mit der Basis auf vergrabenen Insektenpuppen sitzend, die vom Myzel durchwachsen sind.

Vorkommen: Sommer und Herbst auf Schmetterlingspuppen. Recht selten.

Verwechslung: Es gibt ähnliche Kernkeulen auf Schmetterlingspuppen und toten Wespen.

Wert: Wegen der geringen Größe bedeutungslos.

Puppenkernkeule – Cordyceps militaris

Grüngelbes Gallertkäppchen – Leotia lubrica

Sumpfhaubenpilz – Mitrula paludosa

Grüngelbes Gallertkäppchen
Leotia lubrica

Fruchtkörper: Kleiner, 1–3 cm hoher, schleimiger Pilz mit 0,5–1,5 cm breitem, gelbem bis grünlichgelbem, kugelig-lappigem Köpfchen mit eingerolltem Rand. Stiel gelb. Fleisch weißlich, gallertartig mit modrigem Geruch.

Vorkommen: Sommer bis Herbst auf feuchtem, lehmigem Boden, in Wäldern, auch unter Büschen, zwischen Moos. Wird oft übersehen.

Verwechslung: Bei Beachtung der geringen Größe höchstens mit anderen Gallertkäppchen – Arten zu verwechseln.

Wert: Eßbar, doch wegen der geringen Größe bedeutungslos.

Sumpfhaubenpilz
Mitrula paludosa

Fruchtkörper: Kleiner, bis 6 cm hoher Pilz. Köpfchen gelbrötlich bis orangefarben, rundlich bis länglich-keulenförmig, manchmal abgeflacht, glatt. Stiel weiß, am Grunde feinhaarig. Fleisch wässerig, brüchig. Der ganze Fruchtkörper ist hohl.

Vorkommen: Frühjahr und Frühsommer auf Blättern, Nadeln und Holzstückchen, die im Wasser liegen. In Sümpfen und Bächen innerhalb des Waldes. Recht selten, doch an manchen Standorten in großer Stückzahl.

Verwechslung: Durch seinen Standort unverwechselbar.

Wert: Wegen der geringen Größe bedeutungslos.

Geweihförmige Holzkeule – Xylaria hypoxylon

Geweihförmige Holzkeule

Xylaria hypoxylon
(Xylosphaera hypoxylon)

Fruchtkörper: Aufrecht, bis etwa 8 cm hoch und 5 mm breit, oft flachgedrückt, häufig in Gruppen wachsend. Jung schwarz und stielartig, oben geweihförmig verzweigt und weiß gepudert. Im alten Zustand ganz schwarz und unverzweigt. Fleisch weiß, korkartig zäh.

Vorkommen: Fast während des ganzen Jahres auf alten Laubholzstümpfen (gerne auf Buchen) und modrigem Holz. Oft in großer Stückzahl. Sehr häufig.

Verwechslung: Nur bei oberflächlicher Betrachtung einem kleinen Korallenpilz ähnlich.

Wert: Ungenießbar.

Vielgestaltige Holzkeule

Xylaria polymorpha
(Xylosphaera polymorpha)

Fruchtkörper: Etwa 4–8 cm hoch und 1–1,5 cm breit, am Grunde oft miteinander verwachsen, schwarzbraun bis schwarz, keulenförmig nach oben verdickt, an der Oberfläche glanzlos, grau. Fleisch weiß, strahlenartig, faserig, korkartig zäh.

Vorkommen: Fast während des ganzen Jahres verbreitet an alten Laubholzstümpfen und Holz, vorwiegend an Buchen.

Verwechslung: Nicht zu verwechseln.

Wert: Ungenießbar.

Vielgestaltige Holzkeule – Xylaria polymorpha

Herkuleskeule

Clavariadelphus pistillaris

Fruchtkörper: Aufrecht, einzeln wachsend, bis 20 cm hoch und 3 cm breit, keulenförmig, ledergelb bis bräunlich, derb, vollfleischig, anfangs glatt, später faltig-runzelig. Fleisch weiß, weich, etwas schwammig, bitter oder pfefferig im Geschmack.

Vorkommen: Sommer bis Herbst in Laubwäldern auf Kalkboden, besonders bei Buchen.

Verwechslung: Unwahrscheinlich, andere Keulenpilze werden nicht so groß.

Wert: Jung eßbar, doch schon sehr bald bitter und dann nicht mehr verwendbar.

Herkuleskeule – Clavariadelphus pistillaris

Goldgelbe Koralle – Ramaria aurea

Steife Koralle – Ramaria stricta

Goldgelbe Koralle

Ramaria aurea

Fruchtkörper: Aufrecht, 5–12 cm breit und ebenso hoch, prächtig gelb, dicht verzweigt, mit kurzem, derbem Strunk. Fleisch zart, weißlich, leicht zerbrechlich, mit angenehmem Geruch und mildem Geschmack.

Vorkommen: Sommer bis Herbst in Laub- und Nadelwäldern.

Verwechslung: Es gibt eine ganze Anzahl ähnlicher Korallenpilze, die zum großen Teil ungenießbar oder wie die Dreifarbige Koralle (siehe S. 114) sogar giftig sind. Die Arten sind so schwierig zu unterscheiden, daß dem Anfänger zu raten ist, Korallenpilze überhaupt nicht zu sammeln.

Wert: Jung eßbar. Alte Exemplare sind stets bitter und wirken stark abführend.

Steife Koralle

Ramaria stricta

Fruchtkörper: Etwa 5–10 cm hoch und halb so breit, von gedrängtem aufrechtem Wuchs. Strunk kurz, vielfach verzweigt, mit kräftigen, weißen Myzelfäden am Grunde. Zweige lederfarben bis zimtbraun, mit blasseren Spitzen, schlank, dicht, parallel. Fleisch im Gegensatz zu anderen Korallen zäh und elastisch, lederbraun, mit unangenehmem Geruch und bitterem Geschmack.

Vorkommen: Sommer bis Herbst an altem, modrigem Laubholz, sehr oft an Birken.

Verwechslung: Die einzige an Holz wachsende Koralle. Aufgrund des elastischen Fleisches gut charakterisiert. Der ebenfalls ungenießbare Klebrige Hörnling *(Calocera viscosa)* wächst nur auf vermoderten Nadelholzstümpfen und ist viel kleiner.

Wert: Ungenießbar.

Rötliche Koralle, Hahnenkamm
Ramaria botrytis

Fruchtkörper: Etwa 8–15 cm hoch und ebenso breit. Strunk dick, derb, weißlich. Die ebenfalls derben Äste verzweigen sich nach oben immer feiner, und die Zweigspitzen sind abgestutzt, jung rötlich, alt lederbraun. Fleisch brüchig, weißlich, mit angenehmem Geruch und mildem Geschmack.

Vorkommen: Sommer bis Herbst in Laub- und Mischwäldern, besonders bei Buchen. Selten.

Verwechslung: Alte Exemplare werden leicht mit anderen bräunlichen, zum Teil giftigen Korallen verwechselt, z. B. mit der giftigen Dreifarbigen Koralle (siehe S. 114).

Wert: Eßbar, solange jung.

Rötliche Koralle, Hahnenkamm – Ramaria botrytis

Kammförmige Koralle
Clavulina cristata

Fruchtkörper: Bis 8 cm hoch, weiß, in der Form sehr veränderlich. Strunk kurz, etwa 1 cm dick, mehr oder weniger stark verästelt. Zweigspitzen abgeflacht, kammförmig eingeschnitten. Fleisch weiß, oft bitter.

Vorkommen: Sommer bis Herbst in Laub- und Nadelwäldern.

Verwechslung: Höchstens mit anderen weißen Korallen.

Wert: Ungenießbar.

Kammförmige Koralle – Clavulina cristata

Dreifarbige Koralle, Schöne Koralle – Ramaria formosa

Dreifarbige Koralle, Schöne Koralle

Ramaria formosa

Fruchtkörper: Bis 20 cm hoch und ebenso breit, dreifarbig in den Farben Weißlich, Rosa und Gelb. Strunk kurz, derb, kräftig, jung fleischrosa, später weißlich. Zweige reich verästelt, schlank, unten weißlich bis gelblich, oben gelblichrosa bis lachsrosa, Spitzen gelb. Im Alter wird der ganze Pilz einheitlich lederbräunlich. Fleisch weiß, brüchig, bei Druck manchmal rötend, bitter.

Vorkommen: Sommer und Herbst in Laubwäldern, gerne bei Buchen.

Verwechslung: Vor allem ältere Exemplare werden leicht mit anderen gelblichen oder bräunlichen Korallen verwechselt.

Wert: GIFTIG! Führt zu Magen- und Darmstörungen und heftigem Durchfall.

Krause Glucke – Sparassis crispa

Krause Glucke

Sparassis crispa

Fruchtkörper: Bis 20 cm hoch und ebenso breit. Exemplare von mehreren Kilo Gewicht sind keine Seltenheit. Jung zuweilen fast weißlich, dann gelblich bis bräunlich. Der tief im Boden steckende Strunk ist mit den Wurzeln von Kiefern verbunden, er verzweigt sich oberirdisch zu derben Ästen, deren Enden blattartig, wellig verbogen und lappig ausgebildet sind. Ähnelt einem Badeschwamm. Fleisch weißlich, wachsartig, mit würzigem Geruch und Geschmack.

Vorkommen: Sommer und Herbst am Fuße von Kiefern.

Verwechslung: Bei Beachtung des Standortes unverwechselbar.

Wert: Eßbar. Vorzüglicher Speisepilz. Sorgfältig säubern! Alte Exemplare sind bitter.

Falscher Pfifferling – Hygrophoropsis aurantiaca

Falscher Pfifferling
Hygrophoropsis aurantiaca

Er ist nicht mit dem echten Pfifferling verwandt, wird aber wegen der häufigen Verwechslung an dieser Stelle abgebildet.

Fruchtkörper: Hut 3–6 cm breit, orange bis orangebraun, dünn, anfangs gewölbt, mit wenig ausgebildetem oder ganz fehlendem Bukkel, später trichterförmig. Hutrand eingerollt und regelmäßig. Lamellen mehrfach gegabelt, orange, am Stiel herablaufend. Sporenstaub blaß. Stiel bis 6 cm lang, dünn, nach unten verjüngt, orange oder gelborange. Fleisch blaß, weich, zäh, ohne auffallenden Geruch und Geschmack.

Vorkommen: Sommer und Herbst in Laub- und Nadelwäldern.

Verwechslung: Doppelgänger des Pfifferlings.

Wert: Eßbar, aber minderwertig. Nicht giftig, wie früher oft angegeben, kann aber bei empfindlichen Personen zu Verdauungsstörungen führen.

Pfifferling, Eierschwamm – *Cantharellus cibarius*

Pfifferling, Eierschwamm
Cantharellus cibarius

Fruchtkörper: Hut bis 6 cm breit, eigelb bis orangegelb, fleischig, anfangs gewölbt, später unregelmäßig trichterförmig. Hutrand jung eingerollt, alt wellig verbogen. Leisten gegabelt, am Stiel herablaufend. Stiel vollfleischig, wie der Hut gefärbt oder mehr braun-orange, nach unten dünner, oben ohne Übergang in den Hut einmündend. Fleisch weiß, außen gelblich, dick, fest, mit typisch pefferigem Geschmack. Geruch angenehm, fruchtig.

Vorkommen: Sommer bis Herbst in Nadelwäldern, meist in großer Anzahl.

Verwechslung: Eine fast weiße, größere Form mit regelmäßigem Hut kommt in Laubwäldern vor. Sie wächst mehr vereinzelt. Sehr oft wird der Pfifferling mit dem Falschen Pfifferling verwechselt. Dieser galt früher als giftig, ist jedoch völlig ungefährlich, wenn auch minderwertig.

Wert: Einer der bekanntesten und begehrtesten Speisepilze. Lange haltbar und kaum madig. Er ist jedoch sehr schwer verdaulich. Zum Trocknen ungeeignet, da er zäh bleibt.

Trompetenpfifferling – Cantharellus tubaeformis

Trompetenpfifferling
Cantharellus tubaeformis

Fruchtkörper: Hut 3–6 cm breit, braun bis braungelb, auch olivbraun, trocken blasser, faserig-flockig, tief trichterförmig, im Alter zum Stiel hin durchbohrt, sehr dünnfleischig mit umgeschlagenem, welligem Rand. Leisten dick, entfernt stehend, gegabelt und herablaufend, gelbbraun bis graubraun, oft heller bereift. Stiel graugelb, unten gelb, schlank, nach unten verjüngt, bald hohl und zum Hut hin offen. Fleisch zäh, weißlich, mild, mit kaum auffallendem Geruch.

Vorkommen: Spätsommer bis Spätherbst in feuchten Laub- und Nadelwäldern, auf sauren Böden. Oft in großen Beständen.

Verwechslung: Recht ähnlich ist der ebenfalls eßbare Starkriechende Leistling.

Wert: Guter Speisepilz.

Starkriechender Leistling

Cantharellus lutescens
(Cantharellus xanthopus)

Fruchtkörper: Hut 2–6 cm breit, braun bis dunkelbraun, trichterförmig, mit wenig eingerolltem Rand, zum Stiel hin durchbohrt, dünnfleischig, auf der Unterseite gelb, jung fast glatt, später mit runzeligen, gabelig verzweigten, herablaufenden, flachen Leisten. Stiel kräftig gelb, schlank, hohl. Fleisch brüchig, weißlich, mild mit stark süßlichem Geruch.

Vorkommen: Spätsommer bis Spätherbst in feuchten Gebirgsnadelwäldern Süddeutschlands auf Kalkböden, sonst selten.

Verwechslung: Ähnelt dem Trompetenpfifferling.

Wert: Eßbar. Guter Speisepilz.

Starkriechender Leistling – Cantharellus lutescens

Grauer Leistling

Pseudocraterellus cinereus
(Cantharellus cinereus)

Fruchtkörper: Hut 1–5 cm breit, grau bis schwarzbraun, tief trichterförmig, zum Stiel hin durchbohrt, dünnfleischig, mit unregelmäßig wellig verbogenem Rand. Unterseite bläulichgrau bis blaßgrau mit runzligen, gegabelten, queradrigen, flachen Leisten. Stiel ebenfalls grau, nach unten dünner. Fleisch hellgrau bis bräunlich, mild.

Vorkommen: Herbst bis Spätherbst in Laub- und Mischwäldern, oft in Büscheln um Baumstümpfe und zusammen mit der Totentrompete wachsend.

Verwechslung: Der ebenfalls eßbaren Totentrompete sehr ähnlich.

Wert: Eßbar.

Grauer Leistling – Pseudocraterellus cinereus

Schweinsohr
Gomphus clavatus

Fruchtkörper: Hut 6–12 cm breit, kreiselförmig, abgestutzt,allmählich in den Stiel übergehend, mit wellig verbogenem Rand, jung violett, dann fleischfarben bis gelboliv ausblassend. Unterseite mit gabeligen, weit herablaufenden Leisten, violett-fleischfarben, älter vom Sporenstaub gelblich gepudert. Fleisch weiß, fest, mit süßlichem, nur manchmal etwas bitterem Geschmack.

Vorkommen: Sommer bis Herbst in Gebirgswäldern unter Nadel- und Laubbäumen auf Kalkböden, im Norden selten. Oft dicht stehend und büschelig verwachsen.

Verwechslung: Kaum zu verwechseln.

Wert: Eßbar und wohlschmeckend.

Schweinsohr – Gomphus clavatus

Totentrompete
Craterellus cornucopioides

Fruchtkörper: Hut bis 6 cm breit, trompetenförmig, wellig verbogener Rand. Feucht fast schwarz, trocken grau. Unterseite hellgrau, bereift, ohne Leisten, aderig-runzelig. Fleisch dünn, zäh, mit würzigem Geruch.

Vorkommen: Spätsommer bis Herbst in Laubwäldern, vorzugsweise unter Buchen und Eichen, auf Lehm- oder Kalkböden. Oft in Büscheln wachsend.

Verwechslung: Außer mit dem Grauen Leistling kaum verwechselbar.

Wert: Eßbar und trotz seines düsteren Aussehens schmackhaft. Besonders gut zum Trocknen geeignet.

Totentrompete – Craterellus cornucopioides

Habichts-Stacheling
Sarcodon imbricatus

Fruchtkörper: Hut 5–15 cm breit, graubraun bis dunkelbraun mit groben, sparrigen Schuppen besetzt (ähnelt dem Federkleid des Habichts), flachgewölbt, in der Mitte trichterförmig vertieft, jung mit eingerolltem Rand. Unterseite dicht mit anfangs weißlichen, dann graubraunen, brüchigen, am Stiel herablaufenden Stacheln. Stiel kurz, dick, vollfleischig, heller als der Hut. Fleisch weißlich, fest, mit mildem, bei alten Exemplaren dagegen bitterem Geschmack.

Vorkommen: Spätsommer bis Herbst in Nadelwäldern.

Verwechslung: Mit dem bitteren, ungenießbaren Gallenstacheling, der aber anliegende Schuppen und eine grün- oder blauschwärzliche Stielbasis hat.

Wert: Jung eßbar. Ältere Pilze sind bitter. Gut zum Trocknen geeignet.

Habichts-Stacheling – Sarcodon imbricatus

Semmelstoppelpilz
Hydnum repandum

Fruchtkörper: Hut 6–12 cm breit, flachgewölbt mit unregelmäßigem, zunächst eingerolltem Rand, gelblich, glatt, fleischig. Huthaut nicht abziehbar. Auf der Unterseite dicht mit gelblichen, sehr brüchigen, am Stiel herablaufenden Stacheln. Stiel blasser als der Hut, manchmal seitlich sitzend. Fleisch weißlich, dick, in jungem Zustand mit etwas scharfem Geschmack, alt bitter.

Vorkommen: Sommer bis Herbst in Laub- und Nadelwäldern. Häufig so dicht zusammenstehend, daß die Hüte miteinander verwachsen sind.

Verwechslung: Eine verwandte Art zeigt mehr orangegelbe Farben und ist ebenfalls eßbar. Bei Beachtung der Stacheln an der Hutunterseite und der gelben Färbung ist keine Verwechslung möglich.

Wert: Guter Speisepilz. Zu alte Exemplare sind allerdings bitter und nicht mehr verwendbar.

Semmelstoppelpilz – Hydnum repandum

Ohrlöffelstacheling
Auriscalpium vulgare

Fruchtkörper: Hut 1–2 cm breit, halbkreis- bis nierenförmig, erst bräunlich, später schwarzbraun, zäh, mit filzig-haariger Oberhaut. Auf der Unterseite mit anfangs blassen, später dunkelbraunen, dünnen Stacheln, die nicht am Stiel herablaufen. Stiel lang und dünn, borstig-filzig, dunkelbraun, seitlich am Rande des Hutes angewachsen. Am Grunde mit wirren Pilzfäden einem Kiefernzapfen entspringend.

Vorkommen: Fast während des ganzen Jahres, besonders im Spätherbst, an abgefallenen, faulenden Kiefernzapfen.

Ohrlöffelstacheling – Auriscalpium vulgare

Verwechslung: Durch Standort und bizarre Form eindeutig gekennzeichnet.

Wert: Ungenießbar.

Schuppiger Porling
Polyporus squamosus

Fruchtkörper: Hut 10–40 cm breit, ledergelb, dunkelbraun geschuppt, flach mit dünnem Rand, fächerartig. Porenschicht gelblich, kurz, am Stiel herablaufend, nicht ablösbar. Porenmündungen eckig, bis 2 mm weit. Stiel seitlich, nur selten zentral, vollfleischig, dick, kurz, am Grund schwarz-schuppig. Fleisch weißlich, junge Exemplare weich, alte zäh, mit angenehmem Geruch.

Vorkommen: Schon im Frühjahr an toten oder noch lebenden Laubbäumen, vor allem Esche, Pappel und Weide. Oft zu mehreren Exemplaren übereinander.

Verwechslung: An den dunkelbraunen Hutschuppen, dem schwarzen Stielgrund, und an der Größe ist der Pilz eindeutig erkennbar.

Wert: Jung eßbar. Ältere Pilze und Stiele zäh. Am besten werden die Randzonen des Hutes geraspelt und zu Suppe verarbeitet.

Schuppiger Porling – Polyporus squamosus

Zottiger Schichtpilz
Stereum hirsutum

Fruchtkörper: Lederartig zäh und dünn, teils krustenartig und manchmal großflächig Holz überziehend, teils sich ablösend und konsolen- oder muschelförmig abstehende, wellig verbogene, 2–4 cm breite Hüte bildend. Hüte dachziegelig übereinander und oft in langen Reihen angeordnet. Hutunterseite bei jungen Exemplaren gelb, später lederbraun, kahl, glatt. Hutoberseite gelbgrau bis weißlichgrau mit gelbem Rand, struppig behaart, gezont.

Vorkommen: Während des ganzen Jahres überall auf Laubholz. Befällt geschlagenes und verbautes Holz und richtet durch Weißfäule großen Schaden an.

Verwechslung: Es gibt weitere ähnliche Schichtpilze, die ebenfalls ungenießbar sind. Der Zottige Schichtpilz wird oft mit Porlingen verwechselt.

Wert: Ungenießbar.

Zottiger Schichtpilz – Stereum hirsutum

Schafporling
Albatrellus ovinus

Fruchtkörper: Hut 4–10 cm breit, rein weiß, später sahnefarben bis bräunlich, jung glatt, im Alter dagegen felderig aufgerissen, gewölbt, oft mit vielen Exemplaren zusammenwachsend und dann unregelmäßig verbogen. Porenschicht anfangs weiß, später und bei Druck gelblich, am Stiel herablaufend, schwer ablösbar. Porenmündungen rundlich und eng. Stiel zentral oder seitlich, kräftig, kurz. Fleisch dick, brüchig, weiß, manchmal gilbend, mit angenehmem Geruch.

Vorkommen: Sommer bis Herbst in Nadelwäldern. Auf dem Boden wachsend. In Süddeutschland häufiger als im Norden.

Schafporling – Albatrellus ovinus

Verwechslung: Durch sein Aussehen gut charakterisiert.

Wert: Guter Speisepilz.

Löwengelber Porling – Polyporus varius

Löwengelber Porling
Polyporus varius

Fruchtkörper: Hut 2–10 cm breit, braungelb („löwengelb"), glatt, radial gestreift, rund oder muschelförmig, wellig verbogen, zäh. Porenschicht weiß bis gelblich, kurz, am Stiel herablaufend. Porenmündungen fein. Stiel zentral oder seitlich, am Grunde mit deutlich abgesetzter, schwarzer Zone. Fleisch weißlich, lederartig zäh.

Vorkommen: Sommer und Herbst an Laubholz, vor allem an Buchen und Weiden, häufig.

Verwechslung: Es gibt noch weitere Arten mit schwarzem Stielgrund, sie sind ebenfalls ungenießbar.

Wert: Ungenießbar.

Winterporling – Polyporus brumalis

Winterporling
Polyporus brumalis

Fruchtkörper: Hut 3–8 cm breit, dunkelbraun bis schwarzbraun, glatt, dünn, ausgebreitet mit eingebogenem Rand. Porenschicht weißlich, kurz, am Stiel herablaufend. Porenmündungen eckig, bei jungen Exemplaren eng, bei älteren dagegen größer. Stiel lang, dünn, vollfleischig, grau bis braun, häufig fein filzig, flockig, meist zentral. Fleisch lederartig und zäh.

Vorkommen: Spätherbst bis Frühjahr an toten, auf dem Boden liegenden Laubholzästen und -zweigen.

Verwechslung: Der ähnliche Maiporling hat eine graue Hutfarbe und engere Poren, er wächst erst ab April bis in den Sommer.

Wert: Ungenießbar.

Eichhase – Dendropolyporus umbellatus

Eichhase
Dendropolyporus umbellatus (Grifola umbellata)

Fruchtkörper: Großer, manchmal riesiger Pilz. Aus einem kurzen, dicken Strunk entspringen sich vielfach verzweigende, weißliche Äste, die in 2–4 cm breiten Hüten enden (zuweilen mehrere hundert!). Hüte ziemlich regelmäßig rundlich, genabelt, graubraun, feinschuppig. Porenschicht weiß, kurz, weit an den Ästen herablaufend. Porenmündungen eng. Fleisch weiß, weich mit angenehmem Geruch und Geschmack.

Vorkommen: Am Grunde von Eichen und Buchen. Teils auf Holz sitzend, teilweise aber auch scheinbar auf dem Boden wachsend und dann aus einem außen braunschwarzen, innen weißen, knollenartigen Gebilde (Sklerotium) in der Erde entspringend.

Verwechslung: Mit dem Klapperschwamm und Riesenporling, die ebenfalls eßbar sind.

Wert: Eßbar und von vorzüglichem Geschmack. Der Pilz eignet sich hervorragend zum Trocknen, sollte aber wegen seiner Seltenheit nicht gesammelt werden.

Klapperschwamm – Grifola frondosa

Riesenporling – Meripilus giganteus

Klapperschwamm
Grifola frondosa

Fruchtkörper: Großer, bis 15 kg schwerer und 50 cm breiter und hoher Pilz. Aus einem kurzen, weißlichen Strunk entspringen Äste, die sich strauchartig verzweigen und mit vielen braungrauen, rissigen, gefaserten, blattförmigen, 3–6 cm breiten Hüten enden. Diese klappern beim Schütteln gegeneinander. Porenschicht weiß, nicht schwärzend, weit an den Ästen herablaufend. Porenmündungen rundlich, eng. Fleisch weiß, weich, mit angenehmem Geruch.

Vorkommen: Sommer bis Herbst am Grunde von Eichen. Scheinbar aus dem Boden wachsend oder direkt am Holz sitzend. Parasit, erzeugt Weißfäule am lebenden Baum.

Verwechslung: Mit dem Eichhasen, aber auch mit dem Riesenporling, dessen Hüte bedeutend größer sind und dessen Porenschicht schwärzt. Beide sind ebenfalls eßbar.

Wert: Eßbar. Jung besonders vorzüglich.

Riesenporling
Meripilus giganteus

Fruchtkörper: Der größte Porling Mitteleuropas. Aus einem gemeinsamen Strunk entspringen viele 15–40 cm breite, fächerförmige Hüte, die oft übereinander stehen und einen bis 1 m großen Gesamtfruchtkörper bilden. Die lappigen Einzelhüte sind jung gelbbraun, später dunkler und am Rand schwach gezont. Porenschicht blaßgelb, kurz herablaufend. Porenmündungen fein, bei Druck schwärzend. Fleisch weißlich bis rosa, im Schnitt schwärzend, faserig, junge Exemplare weich und saftig, später lederig-zäh, mit angenehm säuerlichem Geruch.

Vorkommen: Spätsommer und Herbst an Laubholzstümpfen, vornehmlich an Buchen.

Verwechslung: Ähnlich sind die beiden vorher beschriebenen Arten, die jedoch nicht so große Hüte ausbilden und deren Poren und Fleisch nicht schwärzen.

Wert: Jung eßbar. Gut zerkleinern.

Schwefelporling
Laetiporus sulphureus

Fruchtkörper: Aus zusammenwachsenden anfangs zungenförmigen, dann fächerförmigen, 10–40 cm breiten Einzelhüten bestehend. Manchmal meterlang an Baumstämmen aufsteigend. Leuchtend gelb; alte Exemplare blasser. Poren leuchtend gelb, sehr fein, jung oft gelbliche Flüssigkeitströpfchen absondernd. Fleisch gelb bis orange, weich, saftig, später trocken, käsig-mürbe, mit angenehmem Geruch und säuerlichem Geschmack.

Vorkommen: Frühsommer bis Herbst an lebenden und toten Laubbäumen innerhalb und außerhalb des Waldes. Erzeugt als Parasit intensive Rotfäule des Holzes.

Verwechslung: Unverwechselbar.

Wert: Jung eßbar, am besten kochen und dann paniert braten. Nicht in rohem Zustand essen!

Schwefelporling – Laetiporus sulphureus

Zunderschwamm
Fomes fomentarius

Fruchtkörper: Sehr groß, 10–30 cm breit, mehrjährig, Fruchtkörper ungestielt, als hufförmige Konsolen dem Holz ansitzend, grau, mit harter, glanzloser, konzentrisch gefurchter Kruste und rotbrauner, abgerundeter Wachstumszone am Rand. Poren rotbraun, hart, sehr fein, mehrfach geschichtet. Fleisch unter der holzharten Kruste braun, zäh, korkig.

Vorkommen: Während des ganzen Jahres an Laubholzstämmen und -stümpfen, vor allem an Buchen und Birken.

Verwechslung: Es gibt noch mehrere holzharte, mehrjährige Porlinge. Sie kommen alle für Speisezwecke nicht in Frage.

Zunderschwamm – Fomes fomentarius

Wert: Ungenießbar. Früher wurde aus der inneren, wergartigen Substanz (als Werg bezeichnet man Hanf- oder Flachsabfall) Zunder zum Feueranzünden und auch blutstillender Verbandsstoff hergestellt.

Birkenporling – Piptoporus betulinus

Fichtenporling – Fomitopsis pinicola

Birkenporling
Piptoporus betulinus

Fruchtkörper: Einjährig, die abgestorbenen Fruchtkörper bleiben aber noch lange erhalten. Zunächst weiß und zungen- oder knollenförmig, dann mit einem bis 30 cm breiten, huf- oder nierenförmigen Hut, am Grunde häufig stielartig eingezogen. Oberseite weißlichgrau und kahl, später hellbraun rissig. Rand anfangs eingerollt, Oberhaut abziehbar. Fleisch bei jungen Exemplaren weich und saftig mit säuerlichem Geruch, bei alten dagegen korkig zäh. Porenschicht kurz, leicht ablösbar, Poren weiß, später bräunlich, sehr fein.

Vorkommen: Frühsommer bis Herbst nur an geschwächten oder toten Birkenstämmen. Oft zu vielen Exemplaren in mehreren Meter hohen Reihen am Stamm aufsteigend.

Verwechslung: Junge Pilze sind an ihren hellen Farben und dem Vorkommen an Birken leicht kenntlich.

Wert: Ganz jung eßbar, doch sehr bald korkartig zäh.

Fichtenporling
Fomitopsis pinicola

Fruchtkörper: Mehrjährig, bildet bis 40 cm breite, hufförmige Konsolen, die ungestielt am Holz angewachsen sind. Oberseite anfangs schön orangegelb bis rotbraun mit hellerem, stumpfem Rand und glänzender, klebriger, harzartiger Kruste. Später dunkelbraun bis grauschwarz mit rotbrauner und außen gelblicher Zuwachszone, kahl, gezont, rissig. Fleisch gelb bis gelbbraun, korkig hart. Der Pilz besitzt zuerst nur eine Porenschicht, bildet dann aber in jeder Wachstumsperiode eine neue hinzu. Poren gelb bis bräunlich, sehr fein, am Rand jung mit Flüssigkeitstropfen.

Vorkommen: Während des ganzen Jahres vorwiegend an geschwächten oder toten Nadelholzstämmen, seltener auch an Laubholzstämmen und -stümpfen.

Verwechslung: Ältere Exemplare werden mit anderen, mehrjährigen Porlingen verwechselt. Jüngere Exemplare sind leicht zu erkennen.

Wert: Ungenießbar.

Eichenwirrling
Daedalea quercina
(Trametes quercina)

Fruchtkörper: Großer, mehrjähriger Pilz. Hüte 10–20 cm breit, hufförmige, oberseits flache Konsolen bildend. Oberseite weißlich-grau bis blaßbräunlich, konzentrisch gezont, uneben, mit dünner Außenkante. Fleisch recht dünn, korkig. Porenschicht mehrere Zentimeter dick. Poren nur am Rand erkennbar, sonst in labyrinthische Gänge aufgelöst, blaß holzfarben.

Vorkommen: Das ganze Jahr an Eichenholz, seltener an Edelkastanien oder Pappeln.

Verwechslung: Die labyrinthische Ausbildung der Porenschicht und das Vorkommen an Eichen sind gute Erkennungsmerkmale.

Wert: Ungenießbar.

Eichenwirrling – Daedalea quercina

Angebrannter Rauchporling
Bjerkandera adusta

Fruchtkörper: Aus waagerecht vom Holzstamm abstehenden, halbkreisförmigen, bis 8 cm breiten Hüten bestehend. Oberseite verschieden grau bis graubraun, feinfilzig, gezont, mit weißem, bei Berührung schwärzlichem (wie angebranntem) Rand, zäh, lederig. Poren anfangs silbergrau, später bei alten Exemplaren rauchgrau, bei Druck schwärzend. Porenmündungen rundlich, fein.

Vorkommen: Während des ganzen Jahres an abgestorbenen Laubholzstämmen, -stümpfen und -ästen. Wächst in großen Gruppen dachziegelig übereinander und in langen Reihen. Einer der häufigsten Porlinge.

Verwechslung: Die grauen Porenmündungen, die bei Druck schwarz anlaufen, sind ein gutes Kennzeichen.

Wert: Ungenießbar.

Angebrannter Rauchporling – Bjerkandera adusta

Rötende Tramete – Daedaleopsis confragosa

Schmetterlingsporling – Trametes versicolor

Rötende Tramete

Daedaleopsis confragosa (Trametes confragosa)

Fruchtkörper: Etwa 3–15 cm breite, halbkreisförmige oder fächerförmige, flache Hüte. Oberseite graubraun bis rotbräunlich, meist konzentrisch gezont, kahl, mit auffällig scharfem Rand. Fleisch bräunlich, korkig. Porenschicht dick. Porenmündungen anfangs blaß und jung bei Druck rötend, später rotbraun, langgestreckt bis fast lamellig.

Vorkommen: Das ganze Jahr an abgestorbenem Laubholz. In Flußauenwäldern verbreitet. Erzeugt Weißfäule des Holzes.

Verwechslung: Durch den scharfen Rand und das Röten der Poren bei Druck (nur bei jungen Exemplaren!) gut zu erkennen.

Wert: Ungenießbar.

Schmetterlingsporling

Trametes versicolor

Fruchtkörper: Bis 10 cm breite, dünne, ledrig-zähe, halbkreisförmige oder rosettenartige Hüte ausbildend. Oberseite konzentrisch bunt gezont, weiße, graue, braune Zonen wechseln ab mit blauen und fast schwarzen, samtig-striegelige mit seidig glänzenden. In der Mitte meist dunkler als außen, die Zuwachskante weißlich. Fleisch zäh. Poren kurz, weiß bis gelblichweiß, fein.

Vorkommen: Das ganze Jahr an Laubholz. Wächst dachziegelig übereinander, bildet kreisförmige Rosetten und lange Reihen. Sehr häufig. Erzeugt Weißfäule des Holzes.

Verwechslung: Wegen seiner vielseitigen Erscheinungsform nicht immer von ähnlichen Arten zu unterscheiden.

Wert: Ungenießbar.

Zaunblättling – Gloeophyllum sepiarium

Zaunblättling
Gloeophyllum sepiarium

Fruchtkörper: Flache, 3–10 cm breite, dünne, länglich-halbkreisförmige Hüte bildend. Oberseite schön dreifarbig-konzentrisch gezont, innen dunkelbraun, außen rotbraun, Rand orangegelb. Erst die alten Exemplare sind einfarbig dunkelbraun bis schwärzlich. Filzig-striegelig, später glatt. Fleisch rostbraun, korkartig. Porenschicht braun, völlig in eine verzweigte, labyrinthische oder lamellenartige Blattstruktur aufgelöst, hellbraun, junge Exemplare auf Druck dunkelbraun.

Vorkommen: Während des ganzen Jahres. Der Pilz wächst in langen Reihen, dachziegelig übereinander oder kreisförmig auf den Stirnflächen von liegendem Nadelholz oder Nadelholzstümpfen. Befällt auch verbautes Holz und richtet dadurch erhebliche Schäden an.

Verwechslung: Farbenprächtige junge Exemplare sind nicht zu verwechseln.

Wert: Ungenießbar. Gefährlicher Holzschädling, der auch an verbautem Nadelholz vorkommt und dort erhebliche Schäden anrichten kann.

Flacher Lackporling – Ganoderma applanatum

Dauerporling – Coltricia perennis

Flacher Lackporling
Ganoderma applanatum

Fruchtkörper: Flache, 10–30 cm breite, tellerförmige, ungestielte Hüte ausbildend. Oberseite graubraun bis zimtbraun, glanzlos, höckerig, konzentrisch gezont, brüchig, mit weißer Zuwachskante. Unterseite weiß. Fleisch faserig, wergartig-korkig, rostbraun mit typischen weißlichen Einschlüssen. Bei älteren Stücken mehrere Porenschichten übereinander. Porenmündungen fein, weiß, bei Druck stark bräunend. Die Fruchtkörper zeigen fast ausnahmslos an der Unterseite sogenannte Zitzengallen (Befall durch die Larven einer Pilzfliege).

Vorkommen: Das ganze Jahr hindurch an totem Laubholz. Besonders an Buchen, am Niederrhein häufig an Pappeln.

Verwechslung: Es gibt zwei weitere, jedoch recht seltene, ähnliche Arten.

Wert: Ungenießbar.

Dauerporling
Coltricia perennis

Fruchtkörper: Meist mit zentralem Stiel. Hut bis 8 cm breit, papierdünn, lederartig-zäh, trichterförmig, kreisrund. Junge Exemplare auf der Oberseite gelbbraun bis braun, kräftig konzentrisch gezont und feinsamtig; alte dagegen grau und verkahlend. Stiel dünn, braun. Poren am Stiel herablaufend, anfangs heller bräunlich, später braun.

Vorkommen: Sommer bis Herbst in trockenen, bodensauren, sandigen Nadelwäldern auf dem Boden.

Verwechslung: Kaum möglich bei Beachtung des Standortes.

Wert: Ungenießbar.

Strubbelkopfröhrling

Strobilomyces strobilaceus
(Strobilomyces floccopus)

Fruchtkörper: Hut 5–10 cm breit, jung halbkugelig, später schirmförmig. Oberseite graubraun bis schwarzbraun, bald in grobe, spitze, sparrig abstehende, dachziegelig angeordnete, schwarzbraune Schuppen aufreißend. Der eingerollte Hutrand und Stiel sind anfangs durch einen grauen, wolligen Schleier verbunden, dessen Überreste später als Ring am Stiel und flockiger Behang am Hutrand zurückbleiben. Röhren grau, im Alter dunkelbraun, weit. Sporenstaub braun. Stiel lang, schlank, faserig, grau bis fast schwarz, oberhalb des Ringes heller. Fleisch grau, bei Schnitt erst rötend, dann schwärzend, mit unangenehmem Geruch und Geschmack.

Vorkommen: Sommer bis Herbst in Laub- und Nadelwäldern, besonders auf Kalkboden.

Verwechslung: Wegen seiner düsteren Farbe nicht mit anderen Arten zu verwechseln.

Wert: Minderwertig.

Strubbelkopfröhrling – Strobilomyces strobilaceus

Kornblumenröhrling – Gyroporus cyanescens

Kornblumenröhrling

Gyroporus cyanescens

Fruchtkörper: Hut bis 12 cm breit, halbkugelig bis polsterförmig, trocken, filzig. Röhren bei jungen Exemplaren weiß, später okkergelb, eng. Sporenstaub gelblich. Stiel und Hutoberseite strohgelb gefärbt. Stiel kräftig, bald hohl gekammert. Fleisch weiß, mürbe, mit angenehmem Geschmack, bei Schnitt und Verletzung sofort kornblumenblau verfärbend.

Vorkommen: Sommer bis Herbst in Laub- und Nadelwäldern, gern auf Sandboden.

Verwechslung: Das strohgelbe Äußere des Pilzes, die kräftig kornblumenblaue Verfärbung des Fleisches und der gekammerte Stiel sind eindeutige Kennzeichen.

Wert: Eßbar und gut, sollte jedoch wegen seiner Seltenheit geschont werden.

Hasenröhrling – Gyroporus castaneus

Hasenröhrling

Gyroporus castaneus

Fruchtkörper: Hut 4–8 cm breit, kastanienbraun, anfangs samtig und halbkugelig, später polsterförmig und kahl, fleischig, mit scharfem Rand. Röhren weiß bis gelblich, eng, am Stiel eingebuchtet. Sporenstaub gelblich. Stiel wie der Hut gefärbt, dick und kräftig, hohl gekammert. Fleisch weiß, brüchig, mit angenehmem Geschmack, bei Druck und Schnitt nicht verfärbend.

Vorkommen: Sommer bis Herbst in Laub- und Nadelwäldern, besonders unter Eichen und Kiefern.

Verwechslung: Es gibt ähnliche braune Röhrlinge. Der hohl gekammerte Stiel ist ein sicheres Erkennungsmerkmal.

Wert: Eßbar.

Porphyrröhrling
Porphyrellus porphyrosporus
(Porphyrellus pseudoscaber)

Fruchtkörper: Hut, Stiel und Röhren graubraun; bei älteren Exemplaren dunkler. Hut 4–12 cm breit, trocken samtig, halbkugelig bis polsterförmig. Röhren weit, auf Druck schwarzbraun verfärbend. Sporenstaub rotbraun. Stiel bauchig, kräftig, an der Basis weißlich. Fleisch grau, im Schnitt rötlich, bläulich oder grünlich verfärbend, mit unangenehmem Geruch und Geschmack.

Vorkommen: Sommer bis Herbst in Nadelwäldern, vor allem im Gebirge.

Verwechslung: Kaum zu verwechseln.

Wert: Minderwertig.

Porphyrröhrling – Porphyrellus porphyrosporus

Hohlfußröhrling
Boletinus cavipes

Fruchtkörper: Hut 4–10 cm breit, gelbbraun bis braun, trocken, filzig, bei jungen Exemplaren halbkugelig und durch einen Schleier mit dem Stiel verbunden, später flach ausgebreitet, gebuckelt, mit Schleierresten am Hutrand und einem Ring am Stiel. Röhren anfangs gelb, dann grünlichgelb, sehr weit, am Stiel herablaufend, schwer vom Hutfleisch zu trennen. Sporenstaub gelbgrün. Stiel bräunlich, kurz, hohl, mit weißlichem, flockigem Ring. Fleisch gelblich, im Stiel weiß, an der Stielbasis rötend, mit mildem Geschmack.

Vorkommen: Sommer bis Herbst ausschließlich bei Lärchen. In den Lärchenbeständen Nordwestdeutschlands recht häufig.

Verwechslung: Bei Beachtung des Standortes sowie des beringten, hohlen Stieles und des filzigen Hutes nicht zu verwechseln.

Wert: Eßbar.

Hohlfußröhrling – Boletinus cavipes

Kuhröhrling – Suillus bovinus

Kuhröhrling
Suillus bovinus

Fruchtkörper: Hut 3–8 cm breit, lederbraun mit rötlichem Schein, unregelmäßig gewölbt, klebrig-schmierig. Röhren kurz, weit, olivbräunlich, am Stiel herablaufend und schwerer als bei anderen Röhrlingen vom Hutfleisch zu lösen. Sporenstaub olivbraun. Stiel vollfleischig, gelblich, nach unten rötlichgelb, faserig, zäh elastisch. Fleisch gelblich, stellenweise schwach rötlich, nicht blauend, von typisch gummiartiger Konsistenz.

Vorkommen: Sommer bis Herbst, nur bei Kiefern. Stellenweise massenhaft. Oft in Gemeinschaft mit dem Rosenroten Gelbfuß.

Verwechslung: Wegen seiner gummiartigen Zähigkeit kaum verwechselbar.

Wert: Eßbar, aber geringwertig.

Goldröhrling – Suillus grevillei

Goldröhrling
Suillus grevillei

Fruchtkörper: Stiel, Röhren und Hut lebhaft goldgelb gefärbt. Hut 4–10 cm breit, bei jungen Exemplaren gewölbt, später ausgebreitet, feucht schleimig, trocken glänzend. Röhren etwas am Stiel herablaufend. Sporenstaub gelblichbraun. Stiel vollfleischig, schlank mit weißgelblichem, schleimigem Ring. Fleisch weich, wässerig, gelblich, in der Stielbasis dunkler, mit angenehmem Geruch und Geschmack.

Vorkommen: Sommer bis Herbst nur bei Lärchen wachsend.

Verwechslung: Ebenfalls bei Lärchen kommt der ähnliche Rostrote Lärchenröhrling vor, der gleichfalls eßbar ist.

Wert: Eßbar und wohlschmeckend. Die schleimige Huthaut abziehen.

Körnchenröhrling

Suillus granulatus

Fruchtkörper: Hut 5–10 cm breit, erst halbkugelig, später flachgewölbt, braungelb bis rötlichbraun, feucht sehr schleimig. Huthaut abziehbar. Röhren gelb, bei alten Exemplaren olivgelb, anfangs sehr eng, milchige Flüssigkeitströpfchen absondernd. Sporenstaub olivbraun. Stiel ohne Ring, gelb, oben bräunlich gekörnt („Körnchenröhrling"), sondert ebenfalls milchige Tröpfchen ab. Fleisch weich, saftig, weißlichgelb, mit säuerlichem Geschmack und obstartigem Geruch.

Vorkommen: Sommer bis Herbst nur bei Kiefern, auf Kalkboden.

Verwechslung: Durch die Flüssigkeitströpfchen an Röhren und Stiel sowie durch die gekörnte Stielspitze gut gekennzeichnet.

Wert: Eßbar und gut. Schleimige Huthaut abziehen.

Körnchenröhrling – Suillus granulatus

Butterröhrling

Suillus luteus

Fruchtkörper: Hut 5–12 cm breit, jung halbkugelig, später gewölbt, fleischig, anfangs braun und mit dicker Schleimschicht, dann aufhellend und klebrig, glänzend. Huthaut leicht abziehbar. Röhren gelb, später olivgelb. Sporenstaub olivbräunlich. Stiel vollfleischig, kurz, mit hellviolettem Ring, oberhalb des Ringes gelb, braun punktiert, darunter bräunlich. Fleisch weißlichgelb, weich, wässerig, mit säuerlichem Geschmack.

Vorkommen: Sommer bis Herbst im Nadelwald, vor allem bei Kiefern. In Kiefernheiden auf Sandboden oft massenhaft.

Verwechslung: Durch den braunen, schleimigen Hut und den hellvioletten Ring gut von anderen Röhrlingen zu unterscheiden.

Butterröhrling – Suillus luteus

Wert: Eßbar mit Einschränkung, ruft manchmal allergieähnliche Erscheinungen hervor, mit Symptomen wie beim Kahlen Krempling (siehe Seite 151). Oft vermadet. Schleimige Huthaut abziehen.

Elfenbeinröhrling – Suillus placidus

Elfenbeinröhrling
Suillus placidus

Fruchtkörper: Hut 3–12 cm breit, halbkugelig bis gewölbt, schleimig, elfenbeinweiß bis gelblich, bei Druck etwas bläulichviolett. Röhren jung weißlich, später olivgelb, mit Milchtropfen, die bräunlichrote Flecken hinterlassen. Sporenstaub bräunlich. Stiel lang, schlank, weiß, nach unten zu gelblich, bei jungen Exemplaren schleimig, rötlichbraun gesprenkelt. Fleisch weißlich.

Vorkommen: Sommer bis Herbst bei Weymouthskiefern und Zirben.

Verwechslung: Nicht zu verwechseln.

Wert: Eßbar und ein guter Speisepilz.

Rostroter Lärchenröhrling – Suillus tridentinus

Rostroter Lärchenröhrling
Suillus tridentinus

Fruchtkörper: Hut 5–15 cm breit, anfangs halbkugelig und gelborange, später gewölbt und rostrot bis braun, fein radial geschuppt, feucht schmierig. Röhren leuchtend orangerot, etwas am Stiel herablaufend, Mündungen weit. Sporenstaub bräunlicholiv. Stiel vollfleischig, mit weißlichem, vergänglichem Ring, gelb, dicht rostbraun filzig, oberhalb des Ringes mit gleichfarbener Netzzeichnung auf hellerem Grund. Fleisch gelb, im Stielgrund bräunlich, mit säuerlichem Geschmack.

Vorkommen: Sommer bis Herbst unter Lärchen auf Kalkböden. Selten!

Verwechslung: Ähnlich ist der ebenfalls eßbare Graue Lärchenröhrling (ohne die leuchtend rostroten Farben), der auch auf Kalkböden die Lärche begleitet und viel häufiger ist.

Wert: Eßbar und wohlschmeckend, jedoch wegen seiner Seltenheit zu schonen.

Sandröhrling
Suillus variegatus

Fruchtkörper: Hut 6–12 cm breit, erst halbkugelig, dann gewölbt, gelbbraun, mit feinen, vergänglichen Schüppchen besetzt (wie mit Sand bestreut), feucht klebrig-schmierig. Huthaut nicht abziehbar. Röhren olivbraun bis olivgrün, eng, schwerer vom Hutfleisch zu trennen als bei anderen Röhrlingen, am Stiel etwas ausgebuchtet, die Mündungen bei Druck schwach blauend. Sporenstaub olivbraun. Stiel vollfleischig, kräftig, fest, bräunlichgelb, nach unten zu dunkler. Fleisch wenig fest, gelblich, im Schnitt etwas blauend, mit säuerlichem Geruch und Geschmack.

Vorkommen: Spätsommer und Herbst, nur bei Kiefern, meist auf sauren Böden.

Verwechslung: Kaum zu verwechseln.

Wert: Eßbar, aber nur mittelmäßig.

Sandröhrling – Suillus variegatus

Pfefferröhrling
Chalciporus piperatus (Suillus piperatus)

Fruchtkörper: Hut 2–6 cm breit, gelblichbraun, bis orangebräunlich, gewölbt, trocken glatt und glänzend, feucht schmierig. Röhren rötlichbraun, ziemlich weit, fast gerade am Stiel angewachsen. Sporenstaub gelblichbraun. Stiel vollfleischig, schlank, oben gelblichbraun, unten mehr gelblich. Fleisch gelblich, am Stielgrunde safranfarbig, weich, mit pfefferig-scharfem Geschmack.

Vorkommen: Sommer bis Herbst in Nadelwäldern,vor allem unter Fichten und Kiefern.

Verwechslung: Bei Beachtung der geringen Größe, der rötlichen Röhren und des Pfeffergeschmacks kaum zu verwechseln.

Wert: Eßbar. Wegen seines scharfen Geschmacks nur in kleinen Mengen verwenden!

Pfefferröhrling – Chalciporus piperatus

Blutroter Röhrling – Xerocomus rubellus

Schmarotzerröhrling – Xerocomus parasiticus

Blutroter Röhrling
Xerocomus rubellus

Fruchtkörper: Hut 5–10 cm breit, bei jungen Exemplaren blut- bis kirschrot, trocken und samtig, bei alten Exemplaren bräunlich, glatt. Röhren anfangs gelb, später oliv. Sporenstaub olivgrün. Stiel schlank, unten oft verjüngt, rötlich, an der Basis gelblich. Fleisch weich, gelblich, schwach blauend, mit säuerlichem Geruch und Geschmack.

Vorkommen: Sommer bis Herbst in Laub- und Mischwäldern, besonders unter Eichen, Birken und Hainbuchen.

Verwechslung: Junge Exemplare sind leicht kenntlich, ältere oft kaum vom ebenfalls eßbaren Rotfußröhrling zu unterscheiden.

Wert: Eßbar. Diese Art wird, wie auch Ziegenlippe und Rotfußröhrling, häufig vom Goldschimmel befallen (siehe auch Kapitel „Sekundäre Pilzvergiftungen“).

Schmarotzerröhrling
Xerocomus parasiticus

Fruchtkörper: Kleiner, auf Fruchtkörpern von Kartoffelbovisten schmarotzender Pilz. Hut bis 5 cm breit, gelbbraun bis braun, trocken, wildlederartig rissig, zuerst halbkugelig, dann flach gewölbt. Röhren bei jungen Exemplaren gelb, bei alten olivbraun, weit, am Stiel herablaufend. Sporenstaub olivbraun. Stiel dünn, krumm, faserig, bräunlichgelb, unten verjüngt. Fleisch gelblich, mit angenehmem Geruch.

Vorkommen: Meist zu mehreren auf den Fruchtkörpern des Kartoffelbovists.

Verwechslung: Unverwechselbar.

Wert: Kaum genießbar, aber nicht giftig, obwohl der Wirt giftig ist.

Maronenröhrling
Xerocomus badius

Fruchtkörper: Hut 5–12 cm breit, fleischig, jung halbkugelig, später ausgebreitet, braun (wie die Schale der Marone). Huthaut trokken samtig, feucht schmierig. Röhren erst weißlich dann gelb, zuletzt gelbgrün, bei Druck intensiv grünblau verfärbend. Sporenstaub olivbraun. Stiel bräunlich bis gelbbraun, heller als der Hut, ohne Netzzeichnung, in der Mitte am kräftigsten, nach unten zugespitzt,vollfleischig. Fleisch fest, saftig, weißlich, im Schnitt blauend, mit angenehmem Geruch und Geschmack.

Vorkommen: Vom Frühsommer bis in den Herbst, vor allem in Nadelwäldern, weniger unter Eichen und Buchen. Häufig.

Verwechslung: Wird zuweilen mit Steinpilzen und auch mit dem bitteren, ungenießbaren Gallenröhrling verwechselt.

Wert: Eßbar. Ebenso bekannt und beliebt wie der Steinpilz, dem er geschmacklich nicht nachsteht.

Maronenröhrling – Xerocomus badius

Rotfußröhrling
Xerocomus chrysenteron

Fruchtkörper: Hut 3–8 cm breit, olivbraun bis braun oder fast schwarzbraun, jung halbkugelig, samtig, später gewölbt und felderig aufgerissen, in den Rissen und an Fraßstellen rötend. Röhren erst gelb, dann olivgrün, weit, bei Druck meist schwach blauend. Sporenstaub olivbraun. Stiel vollfleischig, oft verbogen, schlank, auf gelblicher Farbe vom Grunde her mehr oder weniger intensiv rot gefärbt. Fleisch weich, saftig, weißlichgelb, unter der Huthaut und an der Stielbasis rötlich, im Schnitt schwach blauend, säuerlich.

Vorkommen: Sommer bis Herbst. Ist überall in allen Wäldern zu Hause und hat keine besonderen Ansprüche an den Boden.

Verwechslung: Mit der ebenfalls eßbaren Ziegenlippe und alten Exemplaren des Blutroten Röhrlings.

Wert: Eßbar. Ist oft vom Goldschimmel befallen (siehe Bemerkung beim Blutroten Röhrling).

Rotfußröhrling – Xerocomus chrysenteron

Ziegenlippe – Xerocomus subtomentosus

Schwarzblauender Röhrling – Boletus pulverulentus

Ziegenlippe
Xerocomus subtomentosus

Fruchtkörper: Hut 4–10 cm breit, olivbraun oder olivgrün, gewölbt, samtig wie Wildleder, kaum aufreißend. Röhren lange typisch leuchtend gelb, Mündungen sehr weit, bei Druck nicht blauend. Sporenstaub olivbraun. Stiel schlank, gelblich, im mittleren Teil oft bräunlich oder rötlich überlaufen. Fleisch weich, saftig, weißlich, im Stiel gelblich, nur selten schwach blauend, nicht säuerlich (wie beim Rotfußröhrling).

Vorkommen: Sommer bis Herbst in Laub- und Nadelwäldern. Häufig.

Verwechslung: Höchstens mit dem Rotfußröhrling.

Wert: Eßbar. Wird wie der Blutrote Röhrling häufig vom Goldschimmel befallen, was im Frühstadium leicht übersehen wird. Durch zersetztes Pilzeiweiß drohen schwere Sekundärvergiftungen.

Schwarzblauender Röhrling
Boletus pulverulentus

Fruchtkörper: Der ganze Pilz verfärbt sich beim geringsten Druck sowie beim Anschneiden des Fleisches augenblicklich tief tintenblau. Die Verfärbung wechselt bald in helleres, schmutziges Graublau. Hut 6–12 cm breit, anfangs halbkugelig, dann gewölbt, graubraun bis rotbraun, trocken filzig, feucht klebrig-schmierig, oft stellenweise grau bereift, (sieht dann aus wie angeschimmelt). Röhren lebhaft gelb, bei älteren Exemplaren mehr gelbbraun. Sporenstaub oliv. Stiel vollfleischig, kräftig, oben gelb, zur Basis hin rostbraun. Fleisch gelb.

Vorkommen: Sommer bis Herbst in Nadel- und vor allem in Laubwäldern.

Verwechslung: Wegen der auffälligen Verfärbung ist der Schwarzblauende Röhrling eigentlich nicht zu verwechseln.

Wert: Eßbar, aber mittelmäßig.

Flockenstieliger Hexenröhrling
Boletus erythropus

Fruchtkörper: Hut 6–20 cm breit, jung halbkugelig, später gewölbt oder ausgebreitet, braun bis dunkelbraun, trocken samtig, feucht schmierig. Die Huthaut läßt sich nicht abziehen. Röhren grünlichgelb mit roten Mündungen. Sporenstaub olivgrün. Stiel dick, keulenförmig, auf gelbem Grund mit dichten, roten Flocken besetzt, im untersten Teil oft gelbfilzig, aber überall ohne Netzzeichnung. Fleisch gelb, fest. In allen Teilen verfärbt sich der Pilz bei Druck und Schnitt sofort intensiv blau.

Vorkommen: Frühsommer bis Herbst in Laub- und Nadelwäldern, vor allem auf sauren Böden.

Verwechslung: Verwandt und ähnlich im Aussehen sind der Netzstielige Hexenröhrling und der Glattstielige Hexenröhrling – beide sind roh giftig. Einen rötlichen Stiel und rote Röhrenmündungen hat auch der giftige Satansröhrling, für den der Flockenstielige Hexenröhrling von Laien oft gehalten wird. Einen rötlichen Stiel, jedoch olivgrüne Röhren hat der Schönfußröhrling, der ungenießbar ist.

Wert: Eßbar, ein hervorragender Speisepilz, der aber in rohem Zustand giftig ist und Beschwerden hervorrufen kann! Muß deshalb ausreichend erhitzt werden. Geschmacklich dem Steinpilz mindestens ebenbürtig. Im Gegensatz zu diesem kaum madig! Die Blaufärbung verliert sich beim Zubereiten, das Fleisch ist dann appetitlich gelb.

Flockenstieliger Hexenröhrling – Boletus erythropus

Glattstieliger Hexenröhrling – Boletus queletii

Glattstieliger Hexenröhrling

Boletus queletii

Fruchtkörper: Hut 8–15 cm breit, lederbraun bis rötlichbraun, jung halbkugelig, später polsterförmig ausgebreitet, trocken samtig, feucht klebrig-schmierig. Röhren oliv. Röhrenmündungen orange, später olivbraun. Sporenstaub oliv. Stiel kräftig, lang und schlank, gelb, von der Basis aufwärts purpurrot, nicht genetzt. Fleisch fest, gelb, im unteren Teil des Stiels dunkelrot, im Schnitt blauend, auch die Röhren laufen bei Druck blau an.

Vorkommen: Sommer bis Herbst in Laubwäldern auf Kalkböden.

Verwechslung: Mit dem Flockenstieligen Hexenröhrling und dem Netzstieligen Hexenröhrling sowie mit dem Satansröhrling und dem Schönfußröhrling.

Wert: Eßbar. Roh giftig! Müßte gut erhitzt werden, ist jedoch wegen seiner Seltenheit unbedingt zu schonen!

Netzstieliger Hexenröhrling – Boletus luridus

Netzstieliger Hexenröhrling

Boletus luridus

Fruchtkörper: Hut 5–20 cm breit, gelbbraun bis olivbräunlich, jung halbkugelig, später polsterförmig ausgebreitet, trocken samtig wie Wildleder, feucht schmierig, dickfleischig. Röhren olivgrünlich, Röhrenmündungen heller rot als bei der vorigen Art, mehr orange. Sporenstaub olivbraun. Stiel dick, keulenförmig, häufig gestreckt, überall mit roter Netzzeichnung auf gelbem Grund. Fleisch fest, gelblich, am Stielgrund purpurn, über der Röhrenschicht mit typischer, purpurroter Zone. Röhren und Stiel verfärben sich bei Druck blaugrau. Das Gleiche geschieht, wenn man das Fleisch anschneidet, jedoch ist die Verfärbung nicht so intensiv wie beim Flockenstieligen Hexenröhrling.

Vorkommen: Sommer bis Herbst in Laubwäldern und Parks, auf Lehm- und Kalkböden.

Verwechslung: Mit dem Flockenstieligen Hexenröhrling und dem Glattstieligen Hexenröhrling, häufig mit dem giftigen Satansröhrling und dem ungenießbaren Schönfußröhrling. Kennzeichnend ist die purpurne Zone im Hut oberhalb der Röhrenschicht.

Wert: Bedingt eßbar! Roh giftig! Führt zusammen mit Alkohol genossen zu Vergiftungen (siehe Kapitel „Giftpilze und Pilzvergiftungen“).

Satansröhrling

Boletus satanas

Fruchtkörper: Hut 8–25 cm breit, weißgrau bis olivgrau, dickfleischig, jung halbkugelig, später polsterförmig gewölbt. Huthaut matt und trocken, nicht abziehbar. Röhren gelblich bis olivgrün, Mündungen karminrot, bei

Satansröhrling – Boletus satanas

Druck grünlichblau verfärbend. Sporenstaub olivbraun. Stiel derb, kurz, dickbauchig, gelb mit karminroter Zone in der Mitte und feiner karminroter Netzzeichnung, vor allem im oberen Teil. Fleisch weißlich, im Schnitt im Hut schwach blauend, im Stiel dagegen etwas rötend, fest, mit unangenehmem, aasartigem Geruch.

Vorkommen: Sommer und Herbst in Laubwäldern auf Kalkböden. Selten.

Verwechslung: Wird mit Hexenröhrlingen und dem Schönfußröhrling verwechselt. Man beachte die graue Hutfarbe, das fast weiße Fleisch, das nur schwach blau anläuft, und den widerlichen Geruch. Eine Faustregel für den Anfänger lautet: Alle großen Röhrlinge mit grauer Hutfarbe meiden!

Wert: GIFTIG! Führt zu schweren Magen- und Darmstörungen. Tödliche Vergiftungen sind nicht bekannt.

Schönfußröhrling
Boletus calopus

Fruchtkörper: Hut 5–20 cm breit, hellgrau oder graubraun, trocken samtig, oft rissig, zuerst halbkugelig, später unregelmäßig polsterförmig. Röhren und Röhrenmündungen bei jungen Exemplaren gelb, bei alten olivgrün, nicht rot (!), bei Druck blauend. Sporenstaub oliv. Stiel derb, oben gelb, im unteren Teil kräftig rot mit rötlicher, gelblicher oder weißlicher, manchmal undeutlicher Netzzeichnung. Fleisch weißlich bis gelb, fest, im Schnitt (über den Röhren am intensivsten) blau verfärbend, bitter.

Vorkommen: Sommer bis Herbst in Laub- und Nadelwäldern, vorwiegend auf sauren Böden. Im Flachland seltener.

Verwechslung: Wird mit Hexenröhrlingen und dem Satansröhrling verwechselt, hat jedoch im Gegensatz zu diesen keine roten, sondern olivgrüne Röhrenmündungen.

Wert: Ungenießbar, in rohem Zustand giftig.

Anhängselröhrling
Boletus appendiculatus

Fruchtkörper: Hut 5–15 cm, manchmal auch bis 20 cm breit, jung halbkugelig, später polsterförmig, gelbbraun bis hellbräunlich oder kastanienbraun, trocken filzig, dickfleischig, scharfrandig. Röhren, Stiel und Fleisch kräftig gelb. Sporenstaub olivbraun. Stiel langgestreckt, oft wurzelartig verlängert (mit einem „Anhängsel“), bald von der Basis her bräunlich anlaufend, mit zarter, heller oder bräunlicher Netzzeichnung. Fleisch fest, schwach blau verfärbend, mit angenehm säuerlichem Geruch.

Vorkommen: Sommer bis Herbst in Laubwäldern, unter Eichen und Buchen. Selten.

Verwechslung: Es gibt ähnliche, meist sehr seltene Röhrlinge, die ebenfalls nicht giftig sind.

Wert: Eßbar, vorzüglicher Speisepilz, doch wegen seiner Seltenheit unbedingt zu schonen!

Schönfußröhrling – Boletus calopus

Anhängselröhrling – Boletus appendiculatus

Steinpilz – Boletus edulis

Steinpilz
Boletus edulis

Fruchtkörper: Exemplare mit einem Gewicht von 500 g und mehr sind keine Seltenheit. Hut 5–20 cm, manchmal sogar bis 30 cm breit, jung halbkugelig, hellbraun, später gewölbt, braun bis rotbraun, oft uneben und gerunzelt, feucht schmierig. Huthaut nicht abziehbar. Röhren erst weißlich, dann gelblich, schließlich olivgrün, am Stiel ausgebuchtet, Mündungen bei Druck nicht verfärbend. Sporenstaub dunkeloliv. Stiel dick, bauchig oder keulenförmig, bräunlich, zumindest im oberen Drittel mit feiner Netzzeichnung, die heller als der Untergrund ist. Fleisch weiß, unter der Huthaut bräunlich, fest, im Schnitt nicht verfärbend.

Vorkommen: Sommer bis Herbst in Nadel- und Mischwäldern.

Verwechslung: Ähnlich sind der Kiefernsteinpilz und der Sommersteinpilz, außerdem der Maronenröhrling, dessen Röhren jedoch bei Druck grünblau verfärben. Am häufigsten werden Steinpilze mit dem bitteren Gallenröhrling verwechselt, vor allem im Jugendstadium. Der Gallenröhrling (siehe S. 149) hat anfangs ebenfalls weiße, später jedoch rosa Röhren und ein dunkles Netzmuster auf hellerem Stielgrund. Im Zweifelsfall gibt eine Geschmacksprobe eindeutig Auskunft!

Wert: Gilt als einer der besten Speisepilze überhaupt. Auch zum Trocknen hervorragend geeignet.

Kiefernsteinpilz – Boletus pinophilus

Kiefernsteinpilz

Boletus pinophilus (Boletus pinicola)

Fruchtkörper: Hut 8–20 cm breit, anfangs halbkugelig und mit weißlichem Rand, später gewölbt und regelmäßig, weinrot bis dunkelrotbraun. Röhren zuerst weiß, dann gelb und schließlich olivgrün. Sporenstaub olivgrün. Stiel dick, bauchig, heller rotbraun als der Hut, mit auffallender roter Netzzeichnung oder mit rötlich geflammtem Stiel. Fleisch weiß, im Schnitt nicht verfärbend, mit weinrötlicher Zone unter der Huthaut, fest.

Vorkommen: Sommer bis Herbst, vorwiegend in Nadelwäldern (vor allem bei Kiefern) in höheren Lagen.

Verwechslung: Mit anderen Steinpilzen und dem ungenießbaren Gallenröhrling.

Wert: Eßbar. Vorzüglicher Speisepilz.

Sommersteinpilz – Boletus reticulatus

Sommersteinpilz

Boletus reticulatus (Boletus aestivalis)

Fruchtkörper: Hut 8–16 cm breit, hellbraun, bei jungen Exemplaren mit weißem Rand, trocken filzig bis schorfig, feucht etwas klebrig-schmierig, oft felderig aufgerissen. Röhren bei jungen Exemplaren weiß, bei alten gelbgrün, am Stiel ausgebuchtet, Mündungen rundlich. Sporenstaub hell olivbräunlich. Stiel keulig bis bauchig, blaß bräunlich, in der ganzen Länge mit deutlicher weißer oder bräunlicher Netzzeichnung. Fleisch weiß, unter der Oberhaut bräunlich, nicht verfärbend.

Vorkommen: Frühsommer bis Herbst, in Laubwäldern, besonders unter Eichen.

Verwechslung: Mit anderen Steinpilzen und dem ungenießbaren Gallenröhrling.

Wert: Eßbar. Vorzüglicher Speisepilz. Gut zum Trocknen geeignet.

Gallenröhrling
Tylopilus felleus

Fruchtkörper: Hut 5–15 cm breit, hellbraun bis braun, erst halbkugelig und feinfilzig, später ausgebreitet, glatt und trocken. Röhren bei jungen Exemplaren weiß, bei älteren blaßrosa, polsterförmig gewölbt, am Stiel ausgebuchtet. Sporenstaub rosa. Stiel bräunlich, schlank keulenförmig, überall mit deutlich dunklerer Netzzeichnung auf hellem Grund. Fleisch weiß, fest, gallenbitter.

Vorkommen: Sommer bis Herbst, vor allem in Nadelwäldern. Häufig.

Verwechslung: Die Ähnlichkeit junger Exemplare mit jungen Steinpilzen ist so groß, daß selbst erfahrene Pilzsammler immer wieder darauf hereinfallen. Erst die Geschmacksprobe gibt Sicherheit. Auch mit dem Maronenröhrling wird der Gallenröhrling gelegentlich verwechselt.

Wert: Ungenießbar, gallenbitter. Bereits ein einziger Pilz verdirbt jede Pilzmahlzeit. Erstaunlicherweise gibt es Personen, deren Geschmacksnerven auf die in dem Pilz enthaltenen Bitterstoffe nicht ansprechen. Sie verzehren den Gallenröhrling ohne Schaden.

Gallenröhrling – Tylopilus felleus

Birkenröhrling
Leccinum scabrum

Fruchtkörper: Hut 6–12 cm breit, in den verschiedensten Brauntönen und sogar fast weiß zu finden, bei jungen Exemplaren halbkugelig, bei älteren gewölbt bis ausgebreitet, glatt, feucht klebrig. Röhren weiß, später grau, sehr lang, bei alten Exemplaren polsterförmig, am Stiel ausgebuchtet, leicht vom Hutfleisch zu trennen. Huthaut nicht abziehbar. Sporenstaub olivbräunlich. Stiel lang, schlank, keulenförmig, weißlich, mit bräunlichen bis dunkelgrauen, abstehenden Schuppen bedeckt. Fleisch bei jungen Pilzen fest, bei alten sehr schwammig, im Stiel holzigzäh, weiß, im Schnitt etwas rosa verfärbend.

Vorkommen: Sommer bis Herbst überall unter Birken.

Verwechslung: Ähnlich sind die Birkenrotkappe und die Espenrotkappe, die ebenfalls eßbar sind.

Wert: Eßbar. Junge Exemplare sind gute Speisepilze, ältere haben schwammiges Fleisch und einen zähen Stiel, der nicht mehr verwendet werden kann. Beim Zubereiten färbt sich das Fleisch dunkelgrau.

Birkenröhrling – Leccinum scabrum

Birkenrotkappe
Leccinum versipelle
(Leccinum testaceoscabrum)

Fruchtkörper: Hut 5–20 cm breit, gelborange bis orangerot, jung halbkugelig und nur wenig breiter als der Stiel, später gewölbt, fleischig, feucht etwas schmierig. Huthaut nicht abziehbar, etwas über den Hutrand überstehend (typisch!). Röhren anfangs weißlichgrau, später grau, leicht vom Hutfleisch zu trennen. Sporenstaub ockerbraun. Stiel lang, kräftig, meist tief in den Boden eingesenkt, weiß, mit schwärzlichen Schuppen, am Grund oft grünlich. Fleisch lange fest, weiß, im Schnitt weinrot verfärbend.

Vorkommen: Sommer bis Herbst in den verschiedensten Waldgesellschaften, nur unter Birken.

Verwechslung: Mit der Espenrotkappe und weiteren sehr nah verwandten Arten oder mit Birkenröhrlingen, die aber alle eßbar sind.

Wert: Eßbar.

Espenrotkappe
Leccinum rufum
(Leccinum aurantiacum)

Fruchtkörper: Hut jung käppchenförmig und kaum breiter als der Stiel, später ausgebreitet und 5–12 cm breit, orangebräunlich. Huthaut filzig, am Rande deutlich überstehend. Röhren jung weiß, später graubräunlich, Mündungen bei Druck rötlich verfärbend. Sporenstaub ockerbraun. Stiel weißlich mit weißlichen, später rötlichbraunen Schuppen. Fleisch weißlich, fest, im Schnitt grauviolett bis schwärzlich.

Vorkommen: Sommer bis Herbst unter Zitterpappeln (Espen).

Verwechslung: Mit der Birkenrotkappe – diese unterscheidet sich nur durch Färbung der Stielschuppen, Verfärbung des Fleisches und anderem Standort – und mit verwandten, ebenfalls eßbaren Rotkappen.

Wert: Eßbar und schmackhaft. Rotkappen werden kaum von Maden befallen.

Birkenrotkappe – Leccinum versipelle

Espenrotkappe – Leccinum rufum

Kahler Krempling – Paxillus involutus

Kahler Krempling
Paxillus involutus

Fruchtkörper: Ein Pilz, der sich bei Druck und Verletzung in allen Teilen typisch braun verfärbt. Hut 5–12 cm breit, gelbbraun bis braun, jung gewölbt, mit filzigem, eingerolltem, „umgekrempeltem“ Rand, später ausgebreitet bis leicht trichterförmig, unregelmäßig wellig verbogen. Huthaut trocken filzig, feucht schmierig. Lamellen holzgelb, später bräunlich, am Stiel herablaufend, vom Hutfleisch ablösbar. Sporenstaub rostbraun. Stiel dick, vollfleischig, bräunlich. Fleisch weich, gelblich, mit säuerlichem Geschmack.

Vorkommen: Frühsommer bis Herbst in jeder Art Wald- und Parklandschaft, sogar in Gärten. Häufig und überall verbreitet.

Verwechslung: Bei Beachtung der am Stiel herablaufenden, ablösbaren Lamellen und der deutlichen Braunverfärbung bei Druck nicht mit anderen Arten zu verwechseln.

Wert: GIFTIG! War jahrhundertelang ein beliebter Speisepilz, von dem man wußte, daß er roh giftig ist und deshalb gut erhitzt werden muß. Heute ist erwiesen, daß diese Art auch bei vorschriftsmäßiger Zubereitung nach oft wiederholtem Genuß zu schwersten Erkrankungen und Todesfällen führen kann (siehe auch Kapitel „Giftpilze und Pilzvergiftungen“)!

Samtfußkrempling – Paxillus atrotomentosus

Samtfußkrempling

Paxillus atrotomentosus

Fruchtkörper: Hut 8–20 cm breit, braun, jung samtig-filzig, später kahl und oft rissig, trocken, anfangs gewölbt, dann etwas trichterförmig, fleischig. Hutrand lange eingerollt. Lamellen gelblich, am Stiel herablaufend und dort gegabelt, bei Druck braun fleckend. Sporenstaub lehmbraun. Stiel dick, kurz, vollfleischig, braunschwarz filzig, seitenständig. Fleisch gelblich, weich, wässerig, bitter.

Vorkommen: Sommer bis Herbst in Nadelwäldern auf morschen Stümpfen.

Verwechslung: Bei Beachtung des seitlichen, schwarzfilzigen Stiels und des Standortes an Nadelholzstümpfen nicht zu verwechseln.

Wert: Ungenießbar. Wird von manchen Pilzfreunden nach Abkochen und Fortschütten des Kochwassers verwendet.

Rosenroter Gelbfuß – Gomphidius roseus

Rosenroter Gelbfuß

Gomphidius roseus

Fruchtkörper: Hut 2–6 cm breit, schön rosarot, feucht schmierig, kahl, bei alten Exemplaren schwarz fleckend. Hutrand bei jungen Exemplaren durch einen Schleier mit dem Stiel verbunden. Lamellen grau, am Stiel herablaufend. Sporenstaub graubraun. Stiel weißlich mit gürtelartigem Überrest des Schleiers, an der Basis gelbrosa, bei Druck schwärzend, Fleisch weiß, saftig.

Vorkommen: Sommer bis Herbst in sandigen Kiefernwäldern, meist in Gesellschaft des Kuhröhrlings (siehe S. 136).

Verwechslung: Durch Hutfarbe, herablaufende, graue Lamellen und gelbrosa Stielbasis gut gekennzeichnet.

Wert: Eßbar.

Kupferroter Gelbfuß – Chroogomphus rutilus

Kupferroter Gelbfuß
Chroogomphus rutilus

Fruchtkörper: Hut 3–10 cm breit, orangebraun bis kupferrot, gebuckelt, trocken kahl und glänzend, feucht klebrig. Hutrand bei jungen Exemplaren durch einen Schleier mit dem Stiel verbunden. Lamellen rötlichbraun, am Stiel herablaufend, Sporenstaub fast schwarz. Stiel gelbbraun bis kupferrot, an der Basis safrangelb und zugespitzt, faserig, mit Schleierresten. Fleisch safranfarben, bei Druck weinrot, an der Stielbasis gelb.

Vorkommen: Sommer bis Herbst in Kiefernwäldern. Vor allem in höheren Lagen.

Verwechslung: Ähnlich ist der ebenfalls eßbare Gefleckte Gelbfuß, der nur unter Lärchen zu finden ist.

Wert: Eßbar.

Großer Gelbfuß – *Gomphidius glutinosus*

Großer Gelbfuß
Gomphidius glutinosus

Fruchtkörper: Hut 4–12 cm breit, anfangs grau, dann bräunlichgrau, dick mit Schleim bedeckt. Auch die erst weißlichen, später grauschwarzen, weichen, entfernt stehenden und am Stiel herablaufenden Lamellen sind anfangs von der Schleimschicht eingeschlossen, die dann am Hutrand abreißt und als ringartige Zone am Stiel zurückbleibt. Sporenstaub fast schwarz. Stiel unterhalb der durch Sporen schwarzgefärbten Ringzone ebenfalls schleimig, weiß bis graubraun, an der Basis intensiv gelb. Fleisch weiß bis hellgrau, dick, weich, saftig, im Stielgrund gelb.

Vorkommen: Sommer bis Herbst in Nadelwäldern unter Fichten. Vorwiegend im Gebirge, in der Ebene seltener.

Verwechslung: Kaum verwechselbar.

Wert: Eßbar. Trotz des dicken Schleimüberzuges, der vor der Zubereitung abgezogen wird, ein schmackhafter Speisepilz. Der Schleim erinnert an das schleimige Maul einer Kuh, deshalb wird der Pilz auch „Kuhmaul" genannt.

Märzschneckling – Hygrophorus marzuolus

Märzschneckling
Hygrophorus marzuolus

Fruchtkörper: Hut 4–10 cm breit, jung weiß und gewölbt, später grau bis schwärzlich, trocken, ausgebreitet, unregelmäßig verbogen. Lamellen dickfleischig, erst weiß, später grau, wachsartig, entfernt stehend, nur wenig am Stiel herablaufend. Sporenstaub weiß. Stiel vollfleischig, kurz und dick, fest, weiß bis grau. Fleisch weiß, unter der Oberhaut grau, mild.

Vorkommen: Dezember bis Mai nach der Schneeschmelze in Laub- und Nadelwäldern höherer Lagen. Wird oft übersehen, da die Fruchtkörper tief im Boden oder unter der Laub- und Nadeldecke versteckt sind.

Verwechslung: Wegen seines frühen Vorkommens nicht verwechselbar.

Wert: Eßbar und wohlschmeckend.

Frostschneckling
Hygrophorus hypothejus

Fruchtkörper: Hut 1–6 cm breit, anfangs ganz mit olivbraunem Schleim bedeckt, zum Rand hin heller, jung gebuckelt mit eingerolltem Rand, alt ausgebreitet. Lamellen erst weißlich, dann gelb, dick, entfernt stehend und am Stiel herablaufend. Sporenstaub weiß. Stiel olivgelb, schlank, unterhalb einer ringartigen Abgrenzung schleimig, im unteren Teil zugespitzt. Fleisch gelblich, mit angenehmem Geschmack.

Frostschneckling – Hygrophorus hypothejus

Vorkommen: Im Spätherbst, erst nach den ersten Nachtfrösten, in Kiefernwäldern.

Verwechslung: Ähnlich ist der ebenfalls eßbare Lärchenschneckling, dessen Hut einheitlich gelb gefärbt und weniger schmierig ist. Er kommt nur bei Lärchen vor.

Wert: Eßbar und gut. Schleimschicht abziehen.

Olivbrauner Schneckling, Natternstieliger Schneckling
Hygrophorus olivaceoalbus

Fruchtkörper: Hut 2–6 cm breit, olivbraun bis braunrußig, in der Mitte dunkler, dick mit Schleim bedeckt, halbkugelig bis ausgebreitet, gebuckelt. Hutrand jung eingebogen, später oft gekerbt. Lamellen weiß, dick, entfernt stehend, etwas am Stiel herablaufend. Sporenstaub weiß. Stiel weiß, vollfleischig, anfangs durch einen schleimigen Schleier mit dem Hutrand verbunden. Unterhalb des Schleiers natternartig graubraun gebändert, oberhalb weiß, manchmal mit Flüssigkeitströpfchen. Fleisch weiß, mild.

Olivbrauner Schneckling, Natternstieliger Schneckling – Hygrophorus olivaceoalbus

Vorkommen: Herbst bis Spätherbst unter Fichten, vorwiegend im Gebirge. Häufig.

Verwechslung: Es gibt ähnliche Schnecklinge, die ebenfalls eßbar sind.

Wert: Eßbar und wohlschmeckend. Schleimüberzug abziehen.

Kegeliger Saftling – Hygrocybe conica

Kegeliger Saftling
Hygrocybe conica
(Hygrocybe nigrescens)

Fruchtkörper: Hut 1–5 cm breit, spitzkegelförmig, bei alten Exemplaren am Rand aufreißend, scharlachrot bis orange, im Alter schwärzend, klebrig. Lamellen gelb bis gelblichgrau, dick, entfernt stehend, wachsartig. Sporenstaub weiß. Stiel gelb bis orangegelb, an der Basis weißlich, faserig, hohl. Fleisch innen weiß, außen gelb, saftig, glasig, zuletzt oder bei Berührung schwärzend, mild.

Vorkommen: Sommer bis Herbst auf Wiesen, Triften und an grasigen Waldrändern.

Verwechslung: Es gibt weitere rote und auch schwärzende Saftlinge, die ebenfalls – wenn mild – eßbar sind.

Wert: Wird beim Erhitzen schwarz. Kann zu Verdauungsstörungen führen.

Gepanzerter Rasling – Lyophyllum loricatum

Maipilz – Calocybe gambosa

Gepanzerter Rasling
Lyophyllum loricatum

Fruchtkörper: Hut 3–8 cm breit, gewölbt bis ausgebreitet, dunkelbraun, feucht etwas schmierig, trocken fettig glänzend, mit dicker, knorpeliger, abziehbarer Oberhaut. Lamellen weiß bis gelblich, dicht stehend, etwas herablaufend. Sporenstaub weiß. Stiele blaßbräunlich, faserig, büschelig in großer Anzahl aus einer gemeinsamen Basis herauswachsend. Fleisch knorpelig, mit etwas brennendem Geschmack.

Vorkommen: Frühjahr bis Herbst, vor allem in Laubwäldern, aber auch in Mischwäldern, Gebüschen, Gärten, an baumbestandenen Straßenrändern und auf Abfallplätzen. Im Frühjahr oft in großer Zahl an denselben Standorten wie Morcheln.

Verwechslung: Nur mit ähnlichen, ebenfalls eßbaren, braunen Raslingen.

Wert: Eßbar und sehr ergiebig.

Maipilz
Calocybe gambosa

Fruchtkörper: Hut 3–10 cm breit, weiß oder cremefarbig bis bräunlich, matt, trocken, anfangs halbkugelig mit eingerolltem Rand, später ausgebreitet, wellig verbogen, oft hufartig eingezogen. Lamellen weißlich, sehr eng stehend, ausgebuchtet und mit Zahn herablaufend. Sporenstaub weiß. Stiel weißlich, kräftig, kurz. Fleisch weiß, mit Mehlgeruch.

Vorkommen: April bis Juni in Auwäldern, an Waldrändern, in Gebüschen, Parks und auf angrenzenden Wiesenflächen.

Verwechslung: Mit dem giftigen Riesenrötling, vor allem aber mit dem Ziegelroten Rißpilz, der zur selben Zeit an denselben Standorten vorkommt und sehr giftig ist. Er ist an dem rötenden Fleisch, dem faserigen Hut und den zuletzt bräunlichen Lamellen zu erkennen und hat keinen Mehlgeruch.

Wert: Sehr guter Speisepilz, der auch beim Zubereiten den typischen Mehlgeschmack nicht völlig verliert.

Grüner Anistrichterling
Clitocybe odora

Fruchtkörper: Hut 3–8 cm breit, jung blaugrün, gebuckelt oder gewölbt mit eingerolltem Rand, später ausbleichend bis gelbgrau, fleischig, unregelmäßig aufgebogen, kahl, glatt. Lamellen blaßgrün, etwas am Stiel herablaufend. Sporenstaub weißlich. Stiel wie der Hut gefärbt oder blasser, faserig, an der Basis keulig verdickt und weißfilzig. Fleisch grün mit intensivem Anisgeruch.

Vorkommen: Spätsommer bis Herbst in Laub- und Nadelwäldern.

Verwechslung: Jung durch Färbung und Geruch eindeutig gekennzeichnet. Ausblassende alte Exemplare können mit dem giftigen Weißen Anistrichterling verwechselt werden. Dieser kleinere Pilz ist bei Feuchtigkeit blaß ockerfarben.

Wert: Eßbar. Das süßliche Anisaroma, das auch beim Erhitzen erhalten bleibt, sagt nicht jedermann zu.

Grüner Anistrichterling – Clitocybe odora

Nebelgrauer Röteltrichterling, Nebelkappe
Clitocybe nebularis
(Lepista nebularis)

Fruchtkörper: Hut 6–15 cm breit, grau oder graubraun, am Rand heller, jung halbkugelig und gebuckelt, mit stark eingerolltem Rand, später trichterförmig, oft mit weißlichem Reif, der sich leicht abwischen läßt. Lamellen blaß, gelblichgrau, eng stehend, herablaufend, vom Hutfleisch ablösbar. Sporenstaub weiß bis cremefarben. Stiel vollfleischig, weißlich bis blaßgrau, keulenförmig. Fleisch weißlich, dick, mit süßlichem Geruch.

Vorkommen: Spätherbst in Laub- und Nadelwäldern. Sehr häufig.

Nebelgrauer Röteltrichterling, Nebelkappe – Clitocybe nebularis

Verwechslung: Zu verwechseln mit dem giftigen Riesenrötling (siehe S. 178).

Wert: Eßbar, sehr ergiebig. Allerdings wird er nicht immer gleich gut vertragen. In manchen Fällen treten nach dem Genuß allergische Reaktionen auf. Es empfiehlt sich, mit einer kleinen Mahlzeit die Bekömmlichkeit zu erproben.

Mönchskopf – Clitocybe geotropa

Rötlicher Lacktrichterling – Laccaria laccata

Mönchskopf

Clitocybe geotropa

Fruchtkörper: Hut 8–25 cm breit, blaß lederfarben, jung im Verhältnis zum Stiel sehr klein, flach mit deutlichem Buckel, später trichterförmig und weiterhin gebuckelt, trokken, glanzlos, bereift, manchmal felderig aufgerissen. Lamellen etwas heller als der Hut, weit am Stiel herablaufend, eng stehend. Sporenstaub weiß. Stiel wie der Hut gefärbt, vollfleischig, sehr lang, an der Basis weißfilzig und keulig verdickt, kräftig, faserig. Fleisch blaß, trocken, zäh, mild.

Vorkommen: Herbst bis Spätherbst in Gebüschen, Wäldern, an grasigen, lichten Stellen. Vielfach in Hexenringen oder in Reihen.

Verwechslung: Mit dem giftigen Riesenrötling möglich. Junge Exemplare sind mit ihrem kleinen Hut und langen Stiel leicht kenntlich.

Wert: Jung eßbar und ergiebig. Ältere Exemplare sind zäh.

Rötlicher Lacktrichterling

Laccaria laccata

Fruchtkörper: Hut 2–5 cm breit, fuchsbraun bis fleischrot, jung glatt und halbkugelig, bald niedergedrückt, später mehlig-feingeschuppt, unregelmäßig ausgebreitet bis trichterförmig, genabelt, am Rande gerieft. Lamellen dick, sehr entfernt stehend, fleischfarben, bald weiß bestäubt, am Stiel angewachsen oder etwas herablaufend. Sporenstaub weiß. Stiel wie der Hut gefärbt, schlank, faserig-zäh, an der Basis mit Myzelfilz besetzt. Fleisch blaß, dünn, geruchlos, mild.

Vorkommen: Sommer bis Herbst in Laub- und Nadelwäldern. Häufig.

Verwechslung: Diese Art ist in Form, Größe und Farbe sehr veränderlich. Die dicken, entfernt stehenden, fleischfarbenen Lamellen kennzeichnen sie jedoch gut.

Wert: Eßbar.

Rötlicher Holzritterling
Tricholomopsis rutilans

Fruchtkörper: Hut 5–15 cm breit, flach gewölbt bis ausgebreitet, der dünne Hutrand bei jungen Exemplaren eingerollt, anfangs purpurrot feingeschuppt, später auf gelbem Grund purpurrot geschuppt, dadurch matt und filzig, im Alter, wenn die Schuppen abgewaschen sind, braungelb. Lamellen gedrängt stehend, gelb, an der Schneide zottig, abgerundet am Stiel angewachsen. Sporenstaub weiß. Stiel recht lang, gelb, wie der Hut mit purpurroten Schuppen besetzt. Fleisch gelb, mild, mit dumpfem Geruch.

Vorkommen: Juli bis November an morschen Nadelholzstümpfen. Häufig.

Verwechslung: In seiner typischen Form nicht mit anderen Arten zu verwechseln, wenn man auf den Standort achtet.

Wert: Ungenießbar.

Rötlicher Holzritterling – Tricholomopsis rutilans

Violetter Lacktrichterling
Laccaria amethystina

Fruchtkörper: Hut 1–5 cm breit, jung halbkugelig, später flach und genabelt, mit mehr oder weniger welligem Rand, anfangs prächtig violett, dann immer mehr ausblassend. Lamellen dick, sehr entfernt stehend, ebenfalls sattviolett, zuletzt weißlich mehlig, etwas am Stiel herablaufend. Sporenstaub weiß. Stiel faserig, zäh, violett, am Grund mit violettem Myzelfilz besetzt. Fleisch im Hut dünn, wie der ganze Pilz violett, mit mildem Geruch und Geschmack.

Vorkommen: Sommer bis Herbst, vor allem in Laubwäldern, an feuchten Stellen. Häufig.

Verwechslung: An ähnlichen Standorten kommt auch der leicht giftige Rettichhelmling (siehe S. 177) vor, der jedoch weißliche, engere Lamellen hat und deutlich nach Rettich riecht. Ebenfalls violette Haarschleierlinge, von denen viele giftig sind, sind größer. Sie unterscheiden sich jung durch den typischen Haarschleier zwischen Hutrand und Stiel, später durch die bräunlichen Lamellen.

Wert: Eßbar, als Mischpilz zu verwenden.

Violetter Lacktrichterling – Laccaria amethystina

Waldfreundrübling – Collybia dryophila

Waldfreundrübling
Collybia dryophila

Fruchtkörper: Hut 2–6 cm breit, gelbbraun bis fleischrötlich, ausblassend, glatt, dünn, anfangs gewölbt, dann ausgebreitet mit unregelmäßig verbogenem, scharfem, nicht gerieftem Rand. Lamellen blaß weißlich bis gelblich, sehr dicht stehend, am Stiel angewachsen. Sporenstaub weiß. Stiel schlank, rotbraun, an der Basis hellfilzig, faserig, zäh. Fleisch blaß, mild.

Vorkommen: Frühsommer bis Herbst in Laub- und Nadelwäldern sowie in Parkanlagen.

Verwechslung: Auch dieser Pilz hat ein sehr unterschiedliches Erscheinungsbild. Ähnlich sind weitere Rüblings-Arten, darunter der brennend scharfe, ungenießbare Brennende Rübling.

Wert: Eßbar.

Butterrübling – Collybia butyracea

Butterrübling
Collybia butyracea

Fruchtkörper: Hut 5–8 cm breit, gewölbt bis ausgebreitet, stumpf gebuckelt, heller oder dunkler rotbraun, fettglänzend, dünnfleischig. Lamellen weiß, eng stehend, weich, abgerundet am Stiel angewachsen, Schneide leicht gekerbt. Sporenstaub weiß. Stiel rötlichbraun, faserig, am Grunde keulig verdickt und weißfilzig. Fleisch weiß, mild.

Vorkommen: Sommer bis Herbst in Laub- und Nadelwäldern, häufig.

Verwechslung: Dem Waldfreundrübling ähnlich, aber kräftiger in Form und Farbe. Es gibt noch weitere braune Rüblinge.

Wert: Eßbar. Die Stiele sind zäh.

Gefleckter Rübling
Collybia maculata

Fruchtkörper: Hut 3–10 cm breit, jung weiß, gewölbt, mit eingerolltem Rand, später mit braunrötlichen Flecken und flach, glatt, matt und trocken, fleischig. Lamellen weiß, sehr eng stehend. Sporenstaub cremefarben. Stiel weiß, schlank, faserig-gerieft, hohl, oft mit kurzer, wurzelartiger Verlängerung. Fleisch weiß, fest, zäh, sehr bitter.

Vorkommen: Sommer bis Herbst in Nadelwäldern, oft büschelig wachsend. Recht häufig.

Verwechslung: Leicht kenntliche Art.

Wert: Ungenießbar, bitter.

Gefleckter Rübling – Collybia maculata

Spindeliger Rübling
Collybia fusipes

Fruchtkörper: Hut 3-6 cm, manchmal auch bis 10 cm breit, dunkelrotbraun, ausblassend, anfangs gewölbt, später ausgebreitet und oft gebuckelt, glatt, am Rand oft eingerissen. Lamellen weißlich bis blaß fleischfarben, häufig rotfleckig, weiß bestäubt, weit auseinander stehend, am Stiel angeheftet. Sporenstaub weiß. Stiel wie der Hut gefärbt, oben heller, spindelförmig, wurzelnd, in der Mitte dicker, verdreht längsgerillt, zäh, erst vollfleischig, bei alten Exemplaren hohl. Fleisch zäh, weiß.

Vorkommen: Sommer bis Herbst an Eichen und Buchen. Büschelig am Stamm und an den Wurzeln wachsend.

Verwechslung: Kaum möglich.

Wert: Ungenießbar, schwach giftig.

Spindeliger Rübling – Collybia fusipes

Breitblättriger Rübling – Megacollybia platyphylla

Wurzel-Schleimrübling – Xerula radicata

Breitblättriger Rübling
Megacollybia platyphylla
(Oudemansiella platyphylla)

Fruchtkörper: Hut 4–12 cm breit, bald flach ausgebreitet, graubraun bis braun, in der Mitte dunkler, Huthaut strahlenförmig gestreift, trocken, matt, Rand oft eingerissen, dünnfleischig. Lamellen weißlich, entfernt stehend, grob gekerbt, mit Zahn herablaufend. Sporenstaub weiß. Stiel lang, schlank, faserig-zäh, erst weiß, dann blaßbraun mit anhaftenden Myzelsträngen. Fleisch weiß, mild, geruchlos.

Vorkommen: Frühsommer bis Herbst an morschem Holz in Laubwäldern, seltener an Nadelholz. Überall vorkommend, selbst bei langanhaltender Trockenheit. Häufig.

Verwechslung: Mit dem ebenfalls eßbaren Rehbraunen Dachpilz, der auch an morschem Holz wächst, jedoch enger stehende, rosa Lamellen aufweist, sowie mit dem Wurzel-Schleimrübling, dessen Stiel jedoch eine wurzelartige Verlängerung bildet.

Wert: Ohne besonderen Wohlgeschmack, nicht immer bekömmlich.

Wurzel-Schleimrübling
Xerula radicata
(Oudemansiella radicata)

Fruchtkörper: Hut 3–10 cm breit, hellbraun bis dunkelbraun, selten auch weißlich, anfangs glockig, dann flach ausgebreitet, gebukkelt, runzelig, schleimig, dünnfleischig. Rand bei Feuchtigkeit gerieft. Oberhaut abziehbar. Lamellen weißlich, oft mit bräunlicher Schneide, entfernt stehend, breit. Sporenstaub weiß. Stiel steif, faserig, wie der Hut gefärbt, bis 20 cm lang, mit wurzelartiger Verlängerung, die bis zu 50 cm tief in den Boden reichen kann, bei alten Exemplaren hohl. Fleisch weiß, zäh, mild.

Vorkommen: Sommer bis Herbst in Laubwäldern, besonders unter Buchen.

Verwechslung: Durch den tief wurzelnden Stiel und den schleimigen Hut sicher erkennbar.

Wert: Eßbar, aber minderwertig.

Buchenschleimrübling
Oudemansiella mucida

Fruchtkörper: Hut 3–8 cm breit, gewölbt bis ausgebreitet, dünnfleischig, zart, weißlich bis grau oder grau-oliv, dickschleimig, am Rand durchscheinend. Lamellen entfernt stehend, breit. Sporenstaub weiß. Stiel steif und faserig, vollfleischig, mit hängendem ziemlich breitem, weißem, gerieftem Ring. Unterhalb des Ringes schmierig, oberhalb des Ringes trocken. Fleisch weich, geruchlos.

Vorkommen: Spätsommer bis Herbst, büschelig an Buchenstümpfen und -stämmen, oft in mehreren Metern Höhe.

Verwechslung: Leicht kenntliche Art.

Wert: Kaum für Speisezwecke verwendbar.

Buchenschleimrübling – Oudemansiella mucida

Samtfußrübling
Flammulina velutipes

Fruchtkörper: Hut 2–8 cm breit, jung halbkugelig, später ausgebreitet, honiggelb bis gelbbräunlich mit dunkler, brauner Mitte, bei Feuchtigkeit klebrig, dünnfleischig. Lamellen gelblichweiß, verschieden lang, am Stiel angewachsen. Sporenstaub elfenbeinweiß. Stiel zäh, bei alten Exemplaren hohl, unten samtig, dunkelbraun bis schwarzbraun, oben viel heller, oft mit wurzelartiger Verlängerung. Fleisch weiß bis gelblich mit angenehmem Geruch.

Vorkommen: Spätherbst bis Frühjahr, also im Winter, in dichten Büscheln an Laubholzstümpfen, besonders an Weiden und Pappeln. In Wäldern, Parks und oft in großer Zahl an den bewaldeten Ufern von Bächen und Flüssen.

Samtfußrübling – Flammulina velutipes

Verwechslung: Mit dem giftigen Grünblättrigen Schwefelkopf (siehe S. 211), dessen Lamellen stets grünlich gefärbt sind.

Wert: Guter Speisepilz der pilzärmsten Jahreszeit. Nur die Hüte verwenden.

Hallimasch –
Armillaria mellea

Hallimasch

Armillaria mellea
(Armillariella mellea)

Fruchtkörper: Hut 5–10 cm breit, honiggelb bis braun, jung mit vergänglichen, spitzen, braunschwarzen Schuppen, später kahl. Die Hüte junger Exemplare sind halbkugelig und geschlossen, sie haben eine Teilhülle zwischen Hutrand und Stiel, die Hüte alter Pilze sind ausgebreitet, der Rand ist dünn, zuerst eingebogen, gerieft, dann leicht gewellt. Lamellen weißlich, später gelblichbraun, weißbestäubt, entfernt stehend, etwas herablaufend. Sporenstaub weiß. Stiel gelb bis braun mit hautartigem Ring, über dem Ring gerieft, darunter faserig. Fleisch blaß, im Stiel zäh, mit deutlich zusammenziehendem Geschmack wie essigsaure Tonerde. Der Pilz bildet unter der Rinde der von ihm befallenen Bäume dicke Myzelstränge aus, die manchmal im Dunkeln leuchten.

Vorkommen: Im Herbst. Überall verbreitet innerhalb und außerhalb des Waldes. Wächst auf abgestorbenem oder auf lebendem Holz.

Verwechslung: Ähnlich ist der ungenießbare Sparrige Schüppling, der viel dichter sitzende, auffällige Schuppen an Hut und Stiel zeigt.

Wert: Eßbar. Roh giftig! Der Hallimasch muß stets gut erhitzt werden. Fortgießen des Kochwassers, wie in vielen älteren Pilzbüchern geraten, ist nicht notwendig! Bei seinem Genuß können Allergien auftreten. Bei der ersten Mahlzeit daher die Bekömmlichkeit zunächst mit einer kleinen Menge erproben.

Pappelritterling
Tricholoma populinum

Fruchtkörper: Hut 6–12 cm breit, braun bis fleischfarben, anfangs halbkugelig gewölbt mit eingerolltem, dünnem Rand, später ausgebreitet und unregelmäßig verbogen, fleischig, feucht schmierig. Lamellen bei jungen Exemplaren weiß, bei älteren blaß rötlichbraun, ziemlich dicht stehend und dick, ausgebuchtet angewachsen (Ritterlingsgraben). Sporenstaub weiß. Stiel kräftig, vollfleischig, weißlich bis blaß rotbraun, bei Druck dunkler. Fleisch weiß, unter der Huthaut etwas rötlich, fest, Geruch und Geschmack nach Mehl.

Vorkommen: Herbst und Spätherbst bei Pappeln. In größeren Gruppen, büschelig wachsend.

Verwechslung: Es gibt weitere ähnliche, braune Ritterlinge, die jedoch nicht bei Pappeln vorkommen.

Wert: Eßbar.

Pappelritterling – Tricholoma populinum

Erdritterling
Tricholoma terreum

Fruchtkörper: Hut 3–8 cm breit, mausgrau, filzig-schuppig, jung oft mit spinnwebartigem Schleier überzogen, trocken, anfangs glockig, später ausgebreitet, gebuckelt. Lamellen blaßgrau, gekerbt, etwas entfernt stehend, mit Zahn angeheftet. Sporenstaub weiß. Stiel weiß bis blaßgrau, an der Spitze mehlig, vollfleischig, bei alten Exemplaren fast hohl, manchmal mit ringförmigen Resten des Schleiers. Fleisch weißlich bis blaßgrau, im Hut etwas dunkler, brüchig, mild.

Vorkommen: Spätsommer bis Herbst (bis nach den ersten Nachtfrösten) in Kiefernwäldern. Gesellig wachsend.

Erdritterling – Tricholoma terreum

Verwechslung: Mit anderen grauen Ritterlingen, die teils ungenießbar sind. Nicht mit dem giftigen Tigerritterling (siehe S. 169) verwechseln!

Wert: Eßbar.

Schwarzfaseriger Ritterling – Tricholoma portentosum

Schwefelritterling – Tricholoma sulphureum

Schwarzfaseriger Ritterling
Tricholoma portentosum

Fruchtkörper: Hut 4–10 cm breit, grau bis schwarzgrau, mit eingewachsenen, radialen Fasern, glatt, erst glockenförmig, dann ausgebreitet und in der Mitte gebuckelt, mit dünnem Rand, feucht schmierig, trocken glänzend, Huthaut abziehbar. Lamellen weiß mit grünlichgelbem Schimmer, ziemlich eng stehend, mit Zahn angewachsen. Sporenstaub weiß. Stiel weiß, gelblich getönt, kräftig, faserig. Fleisch weißlich bis wässerig-grau, unter der Huthaut dunkler, weich, zart, mit mehlartigem Geruch und Geschmack.

Vorkommen: Herbst bis nach den ersten Nachtfrösten in sandigen Nadelwäldern.

Verwechslung: Es gibt eine ganze Reihe grauer Ritterlinge, die zum Teil ungenießbar sind. Nicht mit dem giftigen Tigerritterling (siehe S. 169) verwechseln!

Wert: Eßbar, ein guter Speisepilz.

Schwefelritterling
Tricholoma sulphureum

Fruchtkörper: Hut 2–8 cm breit, schwefelgelb, in der Mitte oft mehr fuchsig, seidig, trocken, dünnfleischig. Lamellen entfernt stehend, wie der Hut gefärbt, dick, mit Zahn angeheftet. Sporenstaub weiß. Stiel deutlich fuchsig, längsfaserig, schlank. Fleisch schwefelgelb mit widerlich gasartigem Geruch und unangenehmem Geschmack.

Vorkommen: Sommer bis Herbst in Laub- und Mischwäldern. Häufig.

Verwechslung: Doppelgänger des Grünlings. Durch die stärker gelbe Färbung des Fleisches, den widerlichen Gasgeruch und das Vorkommen vorwiegend bei Laubbäumen deutlich zu unterscheiden.

Wert: GIFTIG! Führt zu Verdauungsstörungen.

Grünling

Tricholoma equestre
(Tricholoma flavovirens)

Fruchtkörper: Hut 6–12 cm breit, fleischig, erst glockig, dann ausgebreitet-verbogen, grüngelb mit dunklerer, gebuckelter Mitte. Huthaut mit rötlichbraunen, feinen Schuppen bedeckt, etwas klebrig, leicht abziehbar, durch anhaftende Erde und Nadeln verschmutzt, Hutrand anfangs eingerollt. Lamellen gelb, gedrängt stehend, ausgebuchtet, mit Zahn herablaufend. Sporenstaub weiß. Stiel vollfleischig, schwach gelblich, tief in die Erde eingesenkt, derb. Fleisch weiß, unter der Huthaut gelblich, mit Mehlgeruch und mildem Geschmack.

Vorkommen: Im Herbst in sandigen, nährstoffarmen Nadelwäldern. Oft massenhaft.

Verwechslung: Mit dem Schwefelritterling, der jedoch überwiegend in Laubwäldern vorkommt und widerlich gasartig riecht.

Wert: Guter, wohlschmeckender Speisepilz. Schmutzige Oberhaut abziehen.

Grünling – Tricholoma equestre

Tigerritterling

Tricholoma pardalotum
(Tricholoma pardinum)

Fruchtkörper: Hut 4–12 cm breit, auf grauem Grund dunkelgrau bis braungrau gefasert und geschuppt, anfangs halbkugelig, später ausgebreitet, trocken. Hutrand bei jungen Exemplaren eingerollt. Lamellen weißlich, manchmal mit grüngelbem Schein, gedrängt stehend, ausgebuchtet angewachsen, sondert Flüssigkeitstropfen ab. Sporenstaub weiß. Stiel weiß, manchmal rostfleckig, derb, Stielspitze ebenfalls oft tränend. Fleisch weiß, unter der Huthaut grau, am Stielgrund rötend, mit Mehlgeruch.

Tigerritterling – Tricholoma pardalotum

Vorkommen: Sommer bis Herbst in Laub- und Nadelwäldern, besonders bei Buchen und Eichen auf Kalkboden.

Verwechslung: Es gibt eine ganze Reihe ähnlicher, grauer Ritterlinge, die zum Teil eßbar sind. Wer bei der Bestimmung noch nicht sicher ist, sollte graue Ritterlinge nicht sammeln!

Wert: GIFTIG! Verursacht schwere Störungen der Verdauungsorgane.

Frühlingsweichritterling – Melanoleuca cognata

Orangeroter Ritterling – Tricholoma aurantium

Frühlingsweichritterling
Melanoleuca cognata

Fruchtkörper: In allen Teilen gelbbraun bis rötlichbraun gefärbt. Hut 6–12 cm breit, glatt, gewölbt bis ausgebreitet, kaum gebukkelt, feucht etwas glänzend. Lamellen eng stehend, fleischrot bis hellocker, unterschiedlich lang, mit Zahn angeheftet. Sporenstaub weißlich. Stiel lang, schlank, starr, längsfaserig, am Grunde etwas verdickt. Fleisch weich, mit mehlig-ranzigem Geruch, hellocker, nicht braun.

Vorkommen: Frühling und Frühsommer in Laub- und Nadelwäldern, häufig auf vermoderndem Reisig.

Verwechslung: Ähnlich ist der ungenießbare Rillstielige Weichritterling mit starkem, unangenehmem Geruch.

Wert: Eßbar.

Orangeroter Ritterling
Tricholoma aurantium

Fruchtkörper: Hut 6–10 cm breit, gelborange bis orange, in der Mitte braunorange, jung gewölbt mit eingerolltem Rand, alt ausgebreitet, feucht schmierig-schleimig. Lamellen weißlich, gedrängt stehend, Schneiden bisweilen rötlichbraun fleckig. Sporenstaub weiß. Stiel von der Basis aufwärts mit oben scharf abgegrenzter orangeroter Schuppenzone, darüber weiß, tränend. Fleisch fest, weiß, mit Mehlgeruch und bitterem Geschmack.

Vorkommen: Sommer bis Herbst in Nadelwäldern und auf angrenzenden Wiesen, vorwiegend auf Kalkböden. In Süddeutschland örtlich häufig, sonst selten.

Verwechslung: Leicht kenntliche Art.

Wert: Minderwertig, nicht schmackhaft.

Kurzstieliger Weichritterling
Melanoleuca brevipes

Fruchtkörper: Hut 3–10 cm breit, bald ausgebreitet und in der Mitte gebuckelt, Rand eingerollt, braungrau, trocken. Lamellen gedrängt stehend, grauweißlich bis bräunlich, ausgebuchtet mit Zahn herablaufend. Sporenstaub weiß. Stiel unverhältnismäßig kurz gegenüber dem Hutdurchmesser, wie der Hut gefärbt, längsfaserig. Fleisch weißlich, unter der Huthaut bräunlich, im Stiel dunkler, mit angenehmem Geruch.

Vorkommen: Fast das ganze Jahr, häufiger jedoch im Frühjahr ab April, auf Wiesen, an Waldwegen, Waldrändern, Schuttstellen.

Verwechslung: Im Frühjahr kaum mit anderen Arten zu verwechseln, wenn man auf den extrem kurzen Stiel achtet.

Wert: Eßbar.

Kurzstieliger Weichritterling – Melanoleuca brevipes

Seifenritterling
Tricholoma saponaceum

Fruchtkörper: Hut 5–10 cm breit, in der Farbe sehr veränderlich, oft grünlich getönt von weißlichgrau über oliv, braun bis schwarzgrau und bei dunkleren Farben zum Rand hin heller werdend, matt und glatt, aber auch schuppig, faserig oder rissig; gewölbt bis ausgebreitet, mit dickfleischiger Mitte und scharfem Rand. Lamellen weiß oder etwas schwefelgelb, entfernt stehend, dick. Sporenstaub weiß. Stiel blaß oder dem Hut ähnlich gefärbt, manchmal dunkler geschuppt, längsfaserig, wurzelnd. Fleisch weiß, fest, bei Verletzung langsam rötend, mit typischem Seifengeruch (Waschküche).

Vorkommen: Spätsommer bis Herbst in Laub- und Nadelwäldern, besonders auf Sandböden. Häufig.

Seifenritterling – Tricholoma saponaceum

Verwechslung: Auf Grund der unterschiedlichen Erscheinungsformen sind Verwechslungen mit anderen Ritterlingen leicht möglich. Eindeutige Artmerkmale sind Geruch und Röten des Fleisches an verletzten Stellen.

Wert: Ungenießbar. Roh schwach giftig.

Austernseitling – Pleurotus ostreatus

Austernseitling
Pleurotus ostreatus

Fruchtkörper: Hut 5–20 cm breit, muschelförmig, mit lange eingerolltem Rand, taubenblau, schieferfarben, später mehr bräunlich, aber auch fast weiß, kahl, glatt. Lamellen weiß, alt blaßbraun, gedrängt, am Stiel herablaufend. Sporenstaub weiß. Stiele seitenständig weiß, vollfleischig, kurz und zäh, an der Basis filzig. Fleisch weiß, dick, bei jungen Exemplaren weich, später zäh, besonders im Stiel, mit mildem Geruch und Geschmack.

Vorkommen: Spätherbst bis Frühjahr, bei milder Witterung den ganzen Winter über, in Gruppen und großen, am Grunde verwachsenen Büscheln. An totem und krankem Laubholz, besonders Buchen, Pappeln und Weiden. Oft mehrere Meter hoch an den Stämmen aufsteigend.

Verwechslung: Es gibt noch weitere, ebenfalls eßbare Seitlings-Arten.

Wert: Guter Speisepilz, der auch auf Holz und Stroh gezüchtet wird und unter dem Namen Kalbfleischpilz in den Handel kommt. Die zähen Stiele werden nicht verwendet.

Aniszählung – Lentinellus cochleatus

Aniszähling
Lentinellus cochleatus

Fruchtkörper: Hut 3–9 cm breit, falbbraun bis rötlichbraun, sehr verschieden geformt, wellig verbogen, schief trichter- bis muschelförmig, mit gelapptem, eingerolltem Rand, zähfleischig, dünn. Lamellen gedrängt stehend, heller als der Hut, am Stiel herablaufend, Schneide stark gekerbt. Sporenstaub weiß. Stiele verschieden bräunlich, seitenständig, gefurcht, zäh, elastisch, vielfach mehrere miteinander verwachsen. Fleisch zäh, weißlich, mit kräftigem Anisgeruch, der manchmal schon aus mehreren Metern Entfernung wahrnehmbar ist.

Vorkommen: Sommer bis Herbst in Büscheln auf modernden Baumstümpfen. Häufig.

Verwechslung: Die bizarre Form der Fruchtkörper, das Vorkommen an Holz und der starke Anisgeruch machen den Pilz unverwechselbar.

Wert: Ungenießbar, sehr zäh und von aufdringlichem Aroma.

Bitterer Zwergknäueling – Panellus stypticus

Bitterer Zwergknäueling
Panellus stypticus

Fruchtkörper: Hut 1–3 cm breit, lehmbraun, graubräunlich bis zimtocker, mit kleiig-feinrissiger, wie mit feinem Sand bestreuter Huthaut, muschel- bis nierenförmig, lederig zäh und zuletzt eher vertrocknend als verfaulend, Hutrand wellig verbogen. Lamellen ockergelb, trocken, bräunlich, dicht stehend und dünn, vom Stiel deutlich abgesetzt, ihre Schneiden ganzrandig. Sporenstaub weiß. Stiel ockerbräunlich, kurz, zur Spitze hin dicker, seiten- bis randständig. Fleisch ockergelb, zäh, mit bitter-herbem Geschmack.

Vorkommen: Fast während des ganzen Jahres büschelig an Laubholzstümpfen, vorwiegend an Eichenholz, oft in großen Gruppen.

Verwechslung: Ähnlich ist der Spaltblättling, der zwar ebenfalls ungenießbar, dessen Fleisch jedoch nicht bitter ist.

Wert: Ungenießbar.

Buchenknäueling
Lentinus torulosus
(Panus conchatus)

Fruchtkörper: Hut 4–10 cm breit, jung lilarötlich, später bräunlich, alt lederbraun, schief trichter- bis muschelförmig mit welligem, anfangs eingerolltem Rand, kahl, lederig, zäh. Lamellen gedrängt stehend, schmal, zäh, zuerst lila-fleischfarben, später lederbräunlich, am Stiel herablaufend. Sporenstaub weiß. Stiel vollfleischig, seitenständig, kurz, feinfilzig, jung ebenfalls mit lilarötlichem Schein, am Grunde verwachsen. Fleisch lederig-zäh mit bitterem Geschmack.

Vorkommen: Sommer bis Herbst büschelig an Laubholzstümpfen, vorzugsweise an Buchen und Birken.

Verwechslung: Sehr verschieden in Form und Farbe. Junge Exemplare sind an den lila Farbtönen leicht kenntlich.

Wert: Ungenießbar.

Buchenknäueling – Lentinus torulosus

Spaltblättling
Schizophyllum commune

Fruchtkörper: Hut 1–3 cm breit, trocken weißlichgrau, feucht graubräunlich, filzig, fächerförmig oder muschelförmig, meist mit eingekerbtem, gelapptem Rand. Lamellen graurötlich bis blaßlila, mit längsgespaltener Schneide, deren Hälften sich bei Trockenheit nach außen umrollen (Name), strahlig angeordnet. Sporenstaub weißlich. Stiel kurz bis fast fehlend, randständig. Fleisch dünn, lederzäh, trocken, hart, nicht bitter.

Vorkommen: Während des ganzen Jahres an totem Laub- und Nadelholz, rasig, aber auch oft in Reihen, meist an der Rinde gefällter Stämme.

Spaltblättling – Schizophyllum commune

Verwechslung: Ähnlich ist der ebenfalls ungenießbare Bittere Zwergknäueling, der jedoch bitter schmeckt.

Wert: Ungenießbar.

Nelkenschwindling
Marasmius oreades

Fruchtkörper: Hut 1–5 cm breit, ockerfarben mit dunklerer, gebuckelter Mitte, jung halbkugelig, alt ausgebreitet, am Rand bei Feuchtigkeit gerieft. Lamellen cremefarben, dick, entfernt stehend, abgerundet angewachsen. Sporenstaub weiß, Stiel lederblaß, schlank, sehr zäh, nicht brechend. Fleisch mit intensiv aromatischem, von vielen auch als gasartig-unangenehm empfundenem Geruch. Läßt man eine Portion frischgesammelter Nelkenschwindlinge einige Zeit in einem geschlossenen Raum liegen, ist ein deutlicher Geruch nach Blausäure wahrnehmbar. Wie alle Schwindlinge schrumpft auch diese Art bei trockenem Wetter und lebt nach Regenfällen wieder auf.

Vorkommen: Schon im Mai bis zum Herbst, vor allem außerhalb des Waldes auf Wiesen, Viehweiden, Rasen und an grasigen Sraßenrändern. Oft in dichten Ringen, in denen das Gras verdorrt, so daß sie schon von weitem erkennbar sind.

Verwechslung: Mit einigen Rißpilz-Arten, die an ähnlichen Standorten vorkommen können und von denen die meisten giftig sind. Sie haben keinen so zähen Stiel, einen braunen Sporenstaub und riechen süßlich. Achtung auch vor weißen Trichterlingen, deren Lamellen am Stiel herablaufen. Auch sie sind größtenteils sehr giftig.

Wert: Speisepilz, der sich auch sehr gut trocknen läßt. Nur die Hüte verwenden, die Stiele sind zäh. Leider ist der Pilz oft völlig vermadet.

Nelkenschwindling – Marasmius oreades

Knoblauchschwindling, Echter Mousseron
Marasmius scorodonius

Fruchtkörper: Hut 0,5–3 cm breit, fahl bräunlich, am Rand heller, dünn, Huthaut oft etwas gerunzelt. Lamellen weißlich, entfernt stehend, aufgebogen angewachsen. Sporenstaub weiß. Stiel rotbraun bis schwarzbraun, oben heller als unten, glänzend, sehr zäh, hohl. Fleisch blaß, mit intensivem Knoblauchgeruch, der sich beim Trocknen noch verstärkt.

Vorkommen: Sommer bis Herbst in Nadelwäldern, auf verrottenden Nadeln oder toten Holzstücken, aber auch in Laubwäldern. Nach starkem Regen manchmal in großer Zahl erscheinend.

Verwechslung: Kann mit ähnlichen Schwindlingen verwechselt werden, die auf Nadeln und Zweigen vorkommen, aber keinen Knoblauchgeruch besitzen. Ein größerer, ebenfalls nach Knoblauch riechender Schwindling wächst auf morschem Buchenholz. Er ist ungenießbar.

Wert: Hervorragender Würzpilz, vor allem getrocknet. Nur die Hüte verwenden!

Knoblauchschwindling, Echter Mousseron – Marasmius scorodonius

Rettichhelmling
Mycena pura

Fruchtkörper: Hut 2–5 cm breit, rosa, blaßviolett bis fast weißlich, dünn, am Rand durchscheinend gerieft, zuerst glockig, alt flach, gebuckelt. Lamellen blasser rosa, bald weißlich, entfernt stehend, breit, etwas dick, schmal angewachsen. Sporenstaub weiß. Stiel wie der Hut gefärbt, lang, schlank, glatt, bald hohl. Fleisch wässerig mit Rettichgeruch.

Vorkommen: Sommer bis Herbst in Laub- und Nadelwäldern.

Rettichhelmling – Mycena pura

Verwechslung: Mit dem eßbaren Violetten Lacktrichterling möglich. Erwähnenswerte Speisepilze enthält die Gattung der Helmlinge nicht.

Wert: GIFTIG! Der Genuß führt zu Magen- und Darmstörungen.

Bluthelmling – Mycena haematopus

Bluthelmling
Mycena haematopus

Fruchtkörper: Hut 1–3 cm breit, jung glokkig, älter ausgebreitet, gebuckelt, graubraun, Hutrand gerieft und etwas gezähnt. Lamellen weißlich, entfernt stehend, oft rotfleckig. Sporenstaub weiß. Stiel ähnlich gefärbt wie der Hut, mit weinroter Basis, aus der bei Verletzung blutrote Safttropfen austreten. Fleisch dünn.

Vorkommen: Sommer bis Herbst büschelig auf modrigem Holz in Laubwäldern.

Verwechslung: Mit anderen Helmlings-Arten mit rotem Saft, z. B. dem ebenfalls wertlosen Purpurschneidigen Bluthelmling. Die Reizker mit roter Milch sind viel größer.

Wert: Ungenießbar.

Schlehenrötling
Entoloma saepium
(Rhodophyllus saepium)

Fruchtkörper: Hut 3–10 cm breit, cremefarben bis bräunlichgrau, fleischig, anfangs flach kegelig, dann gewölbt bis ausgebreitet, gebuckelt, Rand lange eingerollt und dünn. Huthaut zuerst etwas schmierig, später seidig-glänzend, feinfaserig. Lamellen erst weiß, dann rosa, schließlich rosabraun, ausgebuchtet herablaufend. Sporenstaub rosa. Stiel weiß, glänzend, längsfaserig. Fleisch weiß, mit Geschmack nach Mehl.

Vorkommen: Frühjahr bis Juni in Gebüschen und Gärten, unter Schlehen und Pflaumenbäumen und anderen Rosengewächsen.

Verwechslung: Mit ähnlichen Rötlingen, die zur gleichen Zeit erscheinen, vor allem mit dem giftigen Riesenrötling. Teilweise wird er auch mit dem ebenfalls eßbaren Maipilz verwechselt. Einige Rötlings-Arten sind derart schwierig zu unterscheiden, daß der Anfänger ganz von ihrem Genuß absehen sollte.

Wert: Eßbar.

Riesenrötling
Entoloma sinuatum
(Rhodophyllus sinuatus)

Fruchtkörper: Hut 6–20 cm breit, dickfleischig, cremeweiß bis lederbräunlich, oft etwas gescheckt, glatt, eingewachsen faserig, seidig glänzend, jung gewölbt, alt ausgebreitet mit verbogenem, dünnem Rand. Huthaut abziehbar. Lamellen anfangs gelblich, später rosa, breit, ziemlich entfernt stehend. Sporenstaub rosa. Stiel weißlich, längsfaserig. Fleisch weiß, dick, mit starkem Mehlgeruch.

Vorkommen: Ab Mai bis zum Herbst in Laubwäldern, v. a. auf kalkhaltigen Böden.

Verwechslung: Mit anderen ähnlichen Rötlingen, z. B. Schlehen- und Schildrötling. Verwechslungen sind auch mit dem Mönchskopf und der Nebelkappe möglich.

Wert: GIFTIG! Verursacht schwere Erkrankungen der Verdauungsorgane.

Riesenrötling –
Entoloma sinuatum

Schlehenrötling –
Entoloma saepium

Violetter Rötelritterling – Lepista nuda

Violetter Rötelritterling
Lepista nuda

Fruchtkörper: Hut 5–15 cm breit, jung violett gefärbt, später mit mehr und mehr braunen Farben, fleischig, kahl und glatt, der Rand lange eingerollt. Lamellen violett, ziemlich eng stehend, leicht vom Hutfleisch abtrennbar, ausgebuchtet angewachsen. Sporenstaub rosa. Stiel ebenfalls violett, kräftig, faserig. Fleisch zunächst violett, im Alter ausblassend, mit angenehmem Geruch.

Vorkommen: Spätherbst, vereinzelt auch im Mai, in Laub- und Nadelwäldern, Gebüschen und Gärten.

Verwechslung: Mit violetten Haarschleierlingen, von denen viele giftig sind, die aber stets braunen Sporenstaub besitzen, sowie mit dem Lilastiel-Rötelritterling.

Wert: Ergiebiger Speisepilz, der jedoch in rohem Zustand giftig ist und erst nach Kochen oder Braten verzehrt werden kann. Wegen seines etwas süßlichen Geschmacks sagt er nicht jedermann zu.

Lilastiel-Rötelritterling
Lepista saeva (Lepista personata)

Fruchtkörper: Hut 5–15 cm breit, weißlich, falbgrau bis bräunlich, kahl und glatt. Rand jung eingerollt, ungerieft. Lamellen weiß bis grau, gedrängt stehend, ausgebuchtet angewachsen. Sporenstaub rosa. Stiel dick, ziemlich kurz, lange schön violett, rissig-faserig. Fleisch weißlich bis grau, mit angenehmem Geruch.

Vorkommen: Im Spätherbst, auf Wiesen und Weiden, oft in Hexenringen zu vielen Exemplaren.

Verwechslung: Bei Beachtung des Standortes, seines späten Vorkommens und der Lilafärbung nur des Stieles nicht zu verwechseln.

Wert: Guter, sehr ergiebiger Speisepilz.

Lilastiel-Rötelritterling – Lepista saeva

Schildrötling – Entoloma clypeatum

Weißer Frühjahrsgiftrötling – Entoloma niphoides

Schildrötling

Entoloma clypeatum
(Rhodophyllus clypeatus)

Fruchtkörper: Hut 4–10 cm breit, verschieden gefärbt von grau bis rußbraun, oft faserig gestreift oder dunkler fleckig, jung glockig, später ausgebreitet und gebuckelt, dünnfleischig, etwas glänzend. Lamellen zunächst weißlich, bald rosa, Schneide gekerbt, ausgebuchtet angewachsen. Sporenstaub rosa. Stiel vollfleischig, weißlich, längs faserig gestreift. Fleisch weiß, mit Mehlgeruch.

Vorkommen: Mai bis Juni an Waldrändern und in Gebüschen, in Auwäldern und Parkanlagen, bei Rosengewächsen.

Verwechslung: Wächst häufig zusammen mit dem eßbaren Maipilz. Nicht mit dem giftigen Riesenrötling verwechseln (s. auch bei Schlehenrötling, Seite 178)!

Wert: Eßbar, aber länger erhitzen, keinesfalls roh essen!

Weißer Frühjahrsgiftrötling

Entoloma niphoides
(Rhodophyllus niphoides)

Fruchtkörper: Hut 2–6 cm breit, weißlich, alt bräunend, dünnfleischig, zunächst gewölbt, schließlich ausgebreitet mit hochgeschlagenem Rand, gebuckelt. Lamellen erst weißlich, dann rosa, ziemlich entfernt stehend. Sporenstaub rosa. Stiel weiß, alt bräunlich, faserig gestreift. Fleisch faserig, mit Mehlgeruch.

Vorkommen: Mai bis Juni in Gebüschen und Gärten bei Rosengewächsen.

Verwechslung: Könnte mit dem eßbaren Maipilz verwechselt werden.

Wert: GIFTIG!

Rehbrauner Dachpilz – Pluteus cervinus

Rehbrauner Dachpilz

Pluteus cervinus
(Pluteus atricapillus)

Fruchtkörper: Hut 5–15 cm breit, hell- bis dunkelbraun, anfangs dachförmig gewölbt, später ausgebreitet, meist gebuckelt, oft mit weißlichem Rand, bei Feuchtigkeit etwas klebrig. Lamellen zunächst weiß, dann rosa, gedrängt, freistehend. Sporenstaub rosa. Stiel lang, vollfleischig, schlank, braun-faserig. Fleisch weiß, mit mildem, etwas rettichartigem Geschmack.

Vorkommen: Frühjahr bis Herbst an modrigen Baumstümpfen und Holzmulm. Erscheint auch in Trockenperioden.

Verwechslung: Höchstens mit verwandten, ebenfalls eßbaren Dachpilzen, wenn man auf die eng stehenden, freien, rosa Lamellen und den Standort auf Holz achtet.

Wert: Eßbar und wohlschmeckend.

Parasitischer Scheidling
Volvariella surrecta

Fruchtkörper: Hut 3–6 cm breit, weiß, alt bräunlich, seidenfaserig, trocken, zuerst halbkugelig, dann ausgebreitet, dünnfleischig. Lamellen anfangs weiß, später rosarot, dünn, gedrängt, freistehend, mit flockiger Schneide. Sporenstaub rosa. Stiel weiß, ohne Ring, oft verbogen, mit weißer Scheide an der Basis. Fleisch weiß und mild.

Vorkommen: Sommer bis Herbst zu mehreren auf alten oder faulenden Blätterpilzen wachsend, bevorzugt auf der Nebelkappe.

Verwechslung: Bei Beachtung des parasitischen Wachstums auf anderen Pilzen nicht möglich.

Wert: Wertlos, wegen der Seltenheit unbedingt zu schonen.

Parasitischer Scheidling – Volvariella surrecta

Großer Scheidling – Volvariella gloiocephala

Großer Scheidling
Volvariella gloiocephala
(Volvariella speciosa)

Fruchtkörper: Hut 3–10 cm breit, schmutzig-weiß, graubraun, zuerst glockig, dann flach ausgebreitet, gebuckelt, fleischig, glatt, klebrig-schmierig, Hutrand nicht gerieft. Lamellen nur bei jungen Exemplaren weiß, dann schmutzig-lachsfarben, gedrängt, freistehend. Sporenstaub rosa. Stiel lang, schlank, weißlich, oben verjüngt. Stielbasis knollig verdickt, mit einer weißlichen, lappigen, tütenartigen Scheide, dem Überrest der Hülle, die den ganz jungen Fruchtkörper völlig umschließt. Fleisch weiß, ohne nennenswerten Geruch.

Vorkommen: Sommer bis Herbst in Gärten, Parkanlagen und Friedhöfen, auf gedüngten Böden. Häufig.

Verwechslung: Mit den tödlich giftigen weißen Knollenblätterpilzen (siehe S. 185)! Diese haben jedoch weiße Lamellen und einen Ring am Stiel. Ähnliche Scheidenstreiflinge (siehe S. 192) besitzen ebenfalls weiße Lamellen und einen deutlich gerieften Hutrand.

Wert: Eßbar.

Grüner Knollenblätterpilz
Amanita phalloides

Fruchtkörper: Hut 6–12 cm breit, gelb, grün, aber auch graugrün bis grünlichweiß, meist ohne Hüllreste, Rand nicht gerieft. Huthaut fein radial gefasert, abziehbar, feucht klebrig. Lamellen weiß, niemals rötlich oder bräunlich verfärbend, gedrängt, freistehend. Sporenstaub weiß, Stiel lang und schlank, mit hängendem, oberseits gerieftem Ring, in aller Regel grünlich gebändert. Am Grund mit einer kräftigen Knolle, die von einer unregelmäßigen tütenartigen, oft in den Boden eingesenkten Scheide umschlossen ist, die beim Herausdrehen des Fruchtkörpers leicht im Boden hängenbleibt und dem Beobachter entgeht! Fleisch weiß, unter der Huthaut grünlich, mit süßlich unangenehmem Geruch.

Vorkommen: Sommer bis Herbst unter Eichen oder Buchen, auch oft in städtischen Parkanlagen. Bereits ab spätem Frühjahr kommt der etwas schmächtigere, in allen Teilen **weiße Frühlingsknollenblätterpilz** *(Amanita verna)* vor, der im übrigen dem Grünen Knollenblätterpilz in allen Merkmalen gleicht. Er kommt in Deutschland mehr in den wärmeren Gebieten vor – z. B. Kaiserstuhl –, tritt aber auch weiter nördlich auf. Er wird von manchen Autoren lediglich als Unterart oder sogar nur als Varietät von *Amanita phalloides* gewertet.

Verwechslung: Mit grünen Täublings-Arten, v. a. aber mit Champignons, obwohl letztere rosa bis dunkelbraune Lamellen aufweisen.

Wert: GIFTIG! Giftigster Pilz Mitteleuropas! Bereits Bruchstücke eines Fruchtkörpers sind lebensgefährlich!

Grüner Knollenblätterpilz – Amanita phalloides

Kegelhütiger Knollenblätterpilz – Amanita virosa

Kegelhütiger Knollenblätterpilz
Amanita virosa

Fruchtkörper: Hut 4–10 cm breit, milchweiß, in der Mitte zuweilen blaßocker, anfangs spitzkegelig bis glockig, alt auch ausgebreitet, dünnfleischig. Huthaut feucht klebrig, trocken glänzend. Hutrand anfangs eingerollt, fast immer wellig. Lamellen weiß, gedrängt, freistehend, Schneide feinflockig. Sporenstaub weiß. Stiel lang und schlank, nach oben verjüngt, ausgestopft, später hohl, längsfaserig, mit ziemlich leicht vergänglichem Ring, der bei älteren Exemplaren fehlen kann. Die knollige Stielbasis mit sackartiger, oft anliegender Scheide. Fleisch weiß, recht brüchig, mit unangenehmem Geruch.

Vorkommen: Sommer bis Herbst in Nadel- und Laubwäldern, auf sauren Böden.

Verwechslung: Wie bei der vorigen Art.

Wert: TÖDLICH GIFTIG!

Gelblicher Knollenblätterpilz
Amanita citrina

Fruchtkörper: Hut 4–10 cm breit, grünlichgelb bis grauweiß, mit glattem Rand und bräunlichen Hüllrestfetzen, die sich im Alter gelbbräunlich färben, aber häufig auch durch Regen abgewaschen sein können. Huthaut abziehbar, feucht klebrig. Lamellen weißlichgelb, gedrängt, freistehend. Sporenstaub weiß. Stiel wie der Hut gefärbt, mit nicht gerieftem, hängendem Ring und am Grunde mit deutlich abgesetzter Knolle, die am oberen Ende einen weichen überstehenden Rand hat. Das Fleisch hat einen ganz typischen, unangenehmen Geruch nach Kartoffelkeimen.

Vorkommen: Vor allem Sommer bis Herbst, in Laub- und Nadelwäldern, gern unter Kiefern, auf sauren Böden. Häufig.

Verwechslung: Leicht verwechselbar mit dem Grünen Knollenblätterpilz und dem Narzissengelben Wulstling.

Wert: LEICHT GIFTIG. Man hat in ihm Stoffe nachgewiesen, die auch im Sekret mancher Kröten vorhanden sind.

Gelblicher Knollenblätterpilz – Amanita citrina

Porphyrbrauner Wulstling
Amanita porphyria

Fruchtkörper: Hut 4–8 cm breit, porphyrbraun bis grauviolett, anfangs glockig, später ausgebreitet und mit grauvioletten, dünnen, häutigen Hüllresten, die häufig vom Regen abgewaschen werden. Huthaut feucht klebrig, trocken glänzend. Hutrand ungerieft. Lamellen weiß, weich, gedrängt, freistehend. Sporenstaub weiß. Stiel weiß bis grauviolett, oft genattert, alt hohl, mit weißlichem, hängendem, auf der Oberseite nicht oder nur schwach gerieftem Ring und gesäumter Knolle, die häufig (jedoch nicht immer) von einer grauvioletten Scheide umschlossen ist. Fleisch weiß, unter der Huthaut violett, mit Geruch nach Kartoffelkeimen.

Vorkommen: Sommer bis Herbst in sandigen Nadelwäldern, nur auf sauren Böden.

Verwechslung: Mit den folgenden braunen Wulstlingen. Unterscheidungsmerkmale sind Riefung von Hutrand und Ring. Ausbildung der Knolle, Farbe der Hüllreste sowie Geruch und Verfärbung des Fleisches.

Wert: GIFTIG! Enthält (wie auch der Gelbliche Knollenblätterpilz) das „Krötengift“ Bufotenin.

Porphyrbrauner Wulstling – Amanita porphyria

Perlpilz – Amanita rubescens

Perlpilz
Amanita rubescens

Fruchtkörper: Hut 5–15 cm breit, in den verschiedensten Brauntönen, mit fleischfarbenen, feinen Hüllflocken besetzt, die manchmal völlig vom Regen abgewaschen werden. Hutrand nicht gerieft. Huthaut leicht abziehbar. Lamellen weiß, im Alter oft rötlich gefleckt, freistehend. Sporenstaub weiß. Stiel bräunlich, feinschuppig oder flockig, mit herabhängendem, weißem oder gelblichem, auf der Oberseite gerieftem Ring und keulenförmiger, nicht abgesetzter Knolle. Fleisch weißlich, unter der Huthaut und an Fraß- und Schnittstellen rötend.

Vorkommen: Sommer bis Herbst in Laub- und Nadelwäldern. Weit verbreitet.

Verwechslung: Mit anderen braunen Wulstlingen, vor allem mit dem giftigen Pantherpilz.

Wert: Vorzüglicher Speisepilz. Roh unbekömmlich! Leider sehr oft vermadet. Sollte nur gesammelt werden, wenn er vom Pantherpilz sicher unterschieden wird.

Pantherpilz – Amanita pantherina

Pantherpilz
Amanita pantherina

Fruchtkörper: In Größe, Form und Farbe außerordentlich variabel. Hut 4–10 cm breit, in verschiedenen Brauntönen, mit vielen weißen Hüllrestflocken, die leicht vom Regen abgewaschen werden. Hutrand stets gerieft! Huthaut abziehbar, feucht schmierig. Lamellen weiß, gedrängt, freistehend. Sporenstaub weiß. Stiel meist weißlich, mit schmalem, kaum abstehendem und auf der Oberseite nicht gerieftem Ring und wulstig gerandeter Knolle, so, als hätte man den Stiel mit Gewalt in sie hineingestoßen. Fleisch weiß, mit Rettichgeruch.

Vorkommen: Sommer bis Herbst in Laub- und Nadelwäldern.

Verwechslung: Mit anderen braunen Wulstlingen, vor allem mit dem eßbaren Grauen Wulstling.

Wert: SEHR GIFTIG! Die Vergiftungserscheinungen treten bereits kurze Zeit nach dem Genuß auf, deshalb ist ärztliche Hilfe in aller Regel möglich.

Grauer Wulstling – Amanita excelsa

Grauer Wulstling

Amanita excelsa
(Amanita spissa)

Fruchtkörper: Hut 6–12 cm breit, halbkugelig bis ausgebreitet, braun, aber auch graubraun bis silbergrau, mit weißen oder hellgrauen Hüllrestflocken. Hutrand nicht gerieft. Lamellen weiß, gedrängt, freistehend. Sporenstaub weiß. Stiel weißlich oder graubräunlich, mit weißem, auf der Oberseite gerieftem Ring und keulenförmiger, ungerandeter Knolle. Fleisch weiß, unter der Huthaut etwas grau, mit rübenartigem Geruch und Geschmack.

Vorkommen: Sommer bis Herbst in Laub- und Nadelwäldern. Sehr verbreitet.

Verwechslung: Mit anderen braunen Wulstlingen, vor allem dem giftigen Pantherpilz.

Wert: Eßbar. Doch sollte der Pilz wegen seiner Ähnlichkeit mit dem Pantherpilz nur von Kennern gesammelt werden!

Fliegenpilz – Amanita muscaria

Fliegenpilz
Amanita muscaria

Fruchtkörper: Hut 8–20 cm breit, rot, orange, aber auch gelb oder braun, mit weißen Hüllrestflocken, die leicht durch Regen abgewaschen werden, und schwach gerieftem Rand. Lamellen weiß bis schwach gelblich, gedrängt, freistehend. Sporenstaub weiß. Stiel weiß, mit häutigem Ring und eiförmiger, ungerandeter Knolle, die gürtelartig mit warzenförmigen oder flockigen Überresten der Gesamthülle besetzt ist. Fleisch weiß, mit gelblich-orangefarbener Zone unter der Huthaut, geruchlos.

Vorkommen: Sommer bis Herbst in Laub- und Nadelwäldern, oft unter Birken, auf sauren Böden.

Verwechslung: In seiner typischen Form mit keinem anderen Pilz zu verwechseln.

Wert: SEHR GIFTIG!

Orangegelber Scheidenstreifling – Amanita crocea

Grauer Scheidenstreifling – Amanita vaginata

Orangegelber Scheidenstreifling

Amanita crocea

Fruchtkörper: Hut 4–10 cm groß, orange, in aller Regel ohne Hüllreste, jung kegelig-glockig, bald ausgebreitet, dünnfleischig. Hutrand stark gerieft. Lamellen gedrängt, weiß, freistehend, Schneide fein gekerbt. Sporenstaub weiß. Stiel lang, schlank, hohl, zerbrechlich, weiß bis fleischbräunlich, mit feinen Schuppen genattert, ohne Ring. Am Grunde aus einer lappigen Scheide herauswachsend. Fleisch weiß, brüchig, geruchlos.

Vorkommen: Frühsommer bis zum Herbst in Laub- und Nadelwäldern, vielfach an moorigen Stellen, auf sauren Böden.

Verwechslung: Mit dem Grünen Knollenblätterpilz und mit weißen Knollenblätterpilzen, die ebenfalls eine Scheide am Stielgrund, aber einen Ring am Stiel und keinen gerieften Hutrand haben. Ähnlich sind auch die Scheidlinge, deren Lamellen und Sporenstaub jedoch rosa gefärbt sind.

Wert: Eßbar. Roh giftig!

Grauer Scheidenstreifling

Amanita vaginata

Fruchtkörper: Hut 4–8 cm breit, hellgrau bis dunkelgrau, in der Mitte oft etwas dunkler, mit stark gerieftem Rand. Lamellen weißlich, gedrängt, freistehend. Sporenstaub weiß. Stiel wie der Hut gefärbt, etwas genattert, ohne Ring, an der Basis mit einer lappigen Scheide. Fleisch weiß, brüchig, geruchlos.

Vorkommen: Frühsommer bis Herbst in Laub- und Nadelwäldern, auf schwach sauren Böden. Häufig.

Verwechslung: Wie bei der vorigen Art.

Wert: Eßbar. Roh giftig!

Parasolpilz

Macrolepiota procera

Fruchtkörper: Hut 10–40 cm breit, zunächst kugelig und gleichmäßig braun, dann ausgebreitet und einem aufgespannten Schirm gleichend, dabei schuppig aufreißend und schließlich auf hellem Grund sparrig braun geschuppt. Die Hutmitte ist gebuckelt und bleibt glatt und braun. Lamellen gedrängt, cremeweißlich, freistehend. Sporenstaub weiß. Stiel lang, hohl, anfangs bräunlich, bald mit brauner, genatterter Zeichnung, mit doppelt gerandetem Ring, der mit dem Stiel nicht verbunden ist und sich hin und her schieben läßt, mit deutlich ausgeprägter Knolle an der Basis. Das Fleisch ist im Hut zunächst fest, dann wattig, weich; im Stiel holzig und faserig.

Vorkommen: Sommer bis Herbst in lichten Wäldern.

Verwechslung: Mit teilweise sehr ähnlichen großen Schirmpilzen, die ebenfalls alle eßbar sind. Unter den kleineren und kleinen Schirmpilzen gibt es mehrere giftige Arten.

Wert: Vorzüglicher Speisepilz. Man sammle nur die Hüte und lasse die holzigen Stiele an Ort und Stelle stehen. In der Art eines Schnitzels paniert und gebraten sind Parasolpilzhüte eine Delikatesse.

Parasolpilz – Macrolepiota procera

Safranschirmling –
Macrolepiota rhacodes

Safranschirmling
Macrolepiota rhacodes

Fruchtkörper: Hut 8–15 cm breit und damit kleiner als der Parasolpilz, sonst diesem sehr ähnlich. Die Hutschuppen stehen noch sparriger vom weißlichen bis hell holzfarbenen Hut ab, sind mehr kreisförmig angeordnet und nicht abwischbar. Die Lamellen sind im Alter oft rostfleckig. Der Stiel ist glatt, nicht genattert und hat einen doppelten Ring. Das Fleisch rötet intensiv bei Verletzung und Schnitt.

Vorkommen: Sommer bis Herbst in Laub- und Nadelwäldern.

Verwechslung: Mit anderen großen Schirmpilzen, die jedoch ebenfalls alle eßbar sind. Die Rotverfärbung bei Schnitt ist ein gutes Artmerkmal.

Wert: Ebenso schmackhaft wie der Parasol. Die Stiele sind unbrauchbar.

Warzenschirmling – Macrolepiota mastoidea

Warzenschirmling
Macrolepiota mastoidea

Fruchtkörper: Hut 4–16 cm breit, jung eiförmig mit bald zerreißender, brauner Oberhaut, dann glockig, älter schirmartig ausgebreitet, feinschuppig braun auf hellem Grund, mit ausgeprägt glattbraunem Buckel. Lamellen gedrängt, weiß, freistehend. Sporenstaub weiß. Stiel lang, schlank, hohl, faserig-holzig, weißlich, fein bräunlich geschuppt, mit einfach gerandetem Ring und knollig verdickter Basis. Fleisch weiß, nicht verfärbend, im Stiel zäh.

Vorkommen: Sommer bis Herbst in Laubwäldern, an Waldrändern, in Parks und Gebüschen, auch auf Wiesen und Weiden.

Verwechslung: Nur mit anderen, ebenfalls eßbaren großen Schirmpilzen.

Wert: Guter Speisepilz. Die Stiele sind unbrauchbar.

Rosablättriger Egerlingsschirmpilz – Leucoagaricus leucothites

Spitzschuppiger Mehlschirmling – Lepiota aspera

Rosablättriger Egerlingsschirmpilz

Leucoagaricus leucothites (Lepiota naucina)

Fruchtkörper: Hut 6–10 cm breit, anfangs glockig, dann ausgebreitet, dickfleischig, weiß, im Alter in der Mitte manchmal ockerfarben, glatt, glanzlos. Lamellen jung weiß, älter rosa, freistehend. Sporenstaub zuerst weiß, später rosa. Stiel weiß, schlank, hohl, faserig, oft etwas weißflockig mit mehr oder weniger knolliger Basis und einfachem, dünnem Ring. Fleisch weiß, nicht verfärbend, mit angenehmem Geruch.

Vorkommen: Spätsommer bis Herbst in Gärten, Parks und Gebüschen, auf Wiesen und an Ackerrainen. Häufig.

Verwechslung: Wird wohl häufig als Champignon gesammelt und verzehrt, obwohl die Lamellen nur rosa, nicht dunkelbraun werden. Lebensgefährlich wäre die Verwechslung mit dem Grünen Knollenblätterpilz oder mit weißen Knollenblätterpilzen. Es gibt noch weitere weiße Schirmpilze, die aber nie rosa, sondern weiße Lamellen haben.

Wert: Eßbar.

Spitzschuppiger Mehlschirmling

Lepiota aspera

Fruchtkörper: Hut 10–15 cm breit, anfangs glockig, später ausgebreitet, braun mit kleinen, spitzkegelig abstehenden, braunen Schuppen, dazwischen die weißliche Oberhaut sichtbar, ziemlich dickfleischig. Lamellen gedrängt, weiß, oft braunfleckig, freistehend, Schneide fein bewimpert. Sporenstaub weiß. Stiel bald hohl, mit schlaffem, hängendem, weiß berandetem Ring, an der Basis knollenförmig verdickt. Oberhalb des Ringes blaß, etwas gestreift, unter dem Ring bräunlich-schuppig. Fleisch weiß, im Stiel bräunlich, mit widerlichem Geruch und Geschmack.

Vorkommen: Sommer bis Herbst in feuchten Wäldern und Gebüschen auf Humusboden.

Verwechslung: Wegen der auffälligen Schuppung und des widerlichen Geruchs leicht erkennbar.

Wert: GIFTIG! Führt zu Magen- und Darmstörungen.

Stadtchampignon
Agaricus bitorquis

Fruchtkörper: Hut 6–12 cm breit, weiß bis bräunlich, dickfleischig, öffnet sich bereits im Boden und hebt dadurch das deckende Erdreich in die Höhe. Ist in der Lage, selbst Asphalt und Pflastersteine hochzudrücken! Hutrand lange eingerollt. Lamellen jung rosa, später schokoladenbraun, freistehend. Sporenstaub braun. Stiel kräftig, weißlich, zugespitzt, kurz im Verhältnis zum Hutdurchmesser, mit doppeltem, tief sitzendem Ring. Fleisch hart, schmutzig-weiß, im Schnitt schwach rötend, mit säuerlichem Geruch.

Vorkommen: Vom späten Frühjahr bis Herbst in Ortschaften an Wegen, Straßenrändern und Grasplätzen.

Verwechslung: Bei Standorten in Waldrandnähe wie bei der folgenden Art.

Wert: Vorzüglicher Speisepilz. Wird heute in großen Mengen gezüchtet.

Stadtchampignon – Agaricus bitorquis

Wiesenchampignon – Agaricus campestris

Wiesenchampignon
Agaricus campestris

Fruchtkörper: Hut 6–12 cm breit, jung halbkugelig geschlossen, später ausgebreitet, weiß bis bräunlich-feinschuppig. Lamellen gedrängt, jung auffallend rosa, im Alter dunkel- bis schwarzbraun, freistehend. Sporenstaub braun. Stiel weißlich, kräftig mit etwas verjüngter Basis ohne Knolle, mit einfachem, häutigem, vergänglichem Ring. Fleisch bei Bruch und Schnitt schwach rötlich anlaufend, mit holzartigem Geruch.

Vorkommen: Sommer bis Herbst auf Wiesen, Weiden und in Gärten. Häufig und weit verbreitet.

Verwechslung: Bei Standorten in Waldrandnähe können vor allem junge Exemplare mit dem Grünen Knollenblätterpilz oder mit weißen Knollenblätterpilzen verwechselt werden, die stets weiße, nie rosa Lamellen haben und an der Stielbasis eine Knolle besitzen. Der ähnliche Karbolegerling (siehe S. 200), ist ebenfalls giftig.

Wert: Vorzüglicher Speisepilz.

Kleiner Waldchampignon – Agaricus silvaticus

Kleiner Waldchampignon
Agaricus silvaticus

Fruchtkörper: Hut 6–10 cm breit, auf hell ockerfarbigem Grund braun, feinfaserig geschuppt. Zuerst halbkugelig geschlossen, später ausgebreitet, ziemlich dünnfleischig. Lamellen jung hellgrau-rosa, später schokoladenbraun bis schwärzlich, freistehend. Sporenstaub purpurbraun. Stiel schlank mit etwas knolliger Basis und einfachem Ring. Fleisch weiß, bei Schnitt und Bruch schnell und deutlich rötend. Geruch holzartig.

Vorkommen: Sommer, jedoch besonders im Herbst in Nadelwäldern (hier vor allem unter Fichten), selten in Laubwäldern, unter Hecken und Gebüschen.

Verwechslung: An ähnlichen Standorten wachsen noch weitere braunschuppige Champignons, die eßbar sind, wenn sie rötendes Fleisch besitzen.

Wert: Guter Speisepilz.

Großer Waldchampignon – Agaricus haemorrhoidarius

Großer Waldchampignon

Agaricus haemorrhoidarius

Fruchtkörper: Hut 10–15 cm breit, lange kegelig-glockig, alt ausgebreitet, dicht mit dunkel rotbraunen Faserschuppen besetzt, dickfleischig. Lamellen jung satt rosa und bei Verletzung dunkelrot, älter schwarzbraun, freistehend. Sporenstaub purpurbraun. Stiel lang, an der Basis verdickt, kräftig, weiß, mit hängendem, breitem Ring, beim geringsten Druck stark rötend. Fleisch weiß, mit angenehmem Geruch, bei Schnitt und Bruch intensiv rötend.

Vorkommen: Sommer bis Herbst in Laubwäldern, auch in Parkanlagen und in Nadelwäldern.

Verwechslung: Wie bei der vorigen Art ist das intensive Röten des Fleisches ein gutes Erkennungsmerkmal. Vorsicht vor dem unangenehm riechenden Perlhuhnchampignon.

Wert: Guter Speisepilz.

Karbolegerling, Weißer Giftchampignon – Agaricus xanthodermus

Karbolegerling, Weißer Giftchampignon

Agaricus xanthodermus

Fruchtkörper: Hut 6–12 cm breit, weiß, meist nicht geschuppt, jung halbkugelig geschlossen, alt am Scheitel auffallend abgeflacht, ausgebreitet und manchmal radial rissig, bei Druck gilbend. Lamellen gedrängt, zuerst rosa, später dunkelbraun, freistehend. Sporenstaub dunkelbraun. Stiel weiß, an der Basis etwas knollig verdickt, mit auffälligem, dickem, unterseits wattig-flockigem, doppeltem Ring. Beim Längsschnitt zeigt sich an der Stielbasis eine typische, leuchtend chromgelbe Zone! Fleisch weiß, gilbend, mit widerlichem, karbolartigem Geruch, der vor allem beim Reiben auftritt.

Vorkommen: Sommer bis Herbst in Gebüschen, Hecken, Gärten, Parks, auf Wiesen in Waldnähe.

Verwechslung: Mit anderen weißen Champignon-Arten. An sich ist diese Verwechslung kaum gefährlich; denn beim Zubereiten entwickelt sich der penetrante Karbolgestank erst zu voller Stärke und hält davon ab, die Mahlzeit zu verzehren. Kennzeichnend ist der chromgelbe Fleck in der Stielbasis. Ganz ähnlich ist der ungenießbare Perlhuhnchampignon mit mehr braunschuppigem Hut.

Wert: GIFTIG! Führt zu schweren Verdauungsstörungen.

Schafchampignon

Agaricus arvensis

Fruchtkörper: Hut 5–15 cm breit, weiß, seidenglänzend, recht lange halbkugelig geschlossen, dann ausgebreitet, im Alter gilbend. Lamellen gedrängt, jung weißgrau, dann erst rosa und schließlich schokoladenbraun, freistehend. Sporenstaub purpurbraun. Stiel dick, kräftig, weiß, mit zweischichtigem, hängendem Ring, dessen Unterseite sternförmig aufreißt. Besonders gut zu erkennen, bevor die Teilhülle vom Hutrand abreißt. Fleisch weiß, bei Verletzung gilbend, mit Anisgeruch.

Vorkommen: Sommer bis Herbst auf Wiesen und Weiden, in Gärten und unter Hecken. Einige sehr nah verwandte Arten ebenfalls mit Anisgeruch und gilbendem Fleisch kommen in Wäldern vor.

Schafchampignon – Agaricus arvensis

Verwechslung: Der größte Teil aller tödlichen Pilzvergiftungen resultiert aus der Verwechslung mit Knollenblätterpilzen! Vor allem Vorsicht bei jungen Exemplaren, deren Lamellen noch keine rosa oder braunen Farben zeigen! Ähnlich ist auch die vorige Art, die an denselben Standorten vorkommt und zu schweren Verdauungsstörungen führt.

Wert: Vorzüglicher Speisepilz. Viele Pilzkenner geben ihm den Vorzug vor allen anderen Champignons.

Riesenchampignon – Agaricus augustus

Riesenchampignon
Agaricus augustus

Fruchtkörper: Hut 10–20 cm breit, jung halbkugelig geschlossen und einheitlich braungelb, alt ausgebreitet, weißgelb, mit braunen Schuppen, oft gebuckelt, dünnfleischig, Lamellen jung zartrosa, alt schwarzbraun, gedrängt stehend. Sporenstaub dunkelbraun. Stiel lang, kräftig, hohl, weißlich bis gelblich, mit großem, hängendem, unterseits geschupptem, faltigem Ring und knolliger Basis, unterhalb des Ringes mit gelbbraunen, flockigen Schuppen. Fleisch weißlich, mit angenehmem Geruch, gilbend.

Vorkommen: Sommer bis Herbst in Laub- und Nadelwäldern, Parks und Alleen.

Verwechslung: Leicht kenntliche Art. Höchstens mit dem Karbolegerling verwechselbar, der jedoch nicht so groß wird und in der Stielbasis einen chromgelben Fleck aufweist.

Wert: Guter Speisepilz.

Glimmerschüppling – Phaeolepiota aurea

Glimmerschüppling
Phaeolepiota aurea

Fruchtkörper: Hut 5–20 cm breit, hellocker bis orangebraun, jung halbkugelig-glockig geschlossen, alt gewölbt, etwas gebuckelt, dickfleischig. Huthaut feinkörnig mit dunkleren braunen Punkten. Lamellen anfangs lehmblaß, später zimtbraun, dünn, gedrängt, freistehend. Sporenstaub rostbraun. Stiel lang, derb, vollfleischig, löwengelb und feinkörnig geschuppt wie der Hut, mit Ring. Stiel über dem Ring glatt, blaßocker, darunter dunkler und körnig-mehlig. Fleisch weißlich, im Stiel rötlich, später verblassend.

Vorkommen: Spätsommer bis Herbst in lichten Laub- und Nadelwäldern, auch an Hecken und Gebüschen auf nährstoffreichen Böden, auf Wiesen, besonders bei Brennesseln. Sehr selten!

Verwechslung: Diese auffällige Art ist kaum zu verwechseln.

Wert: Eßbar, doch unbedingt zu schonen.

Faltentintling
Coprinus atramentarius

Fruchtkörper: Hut 4–10 cm hoch, jung eiförmig, dann fingerhutförmig, grau oder braungrau, glimmerig bereift, längs gefurcht, am Scheitel feinschuppig. Lamellen sehr eng stehend, anfangs weißgrau, dann immer dunkler und schließlich schwarz werdend und zerfließend. Sporenstaub schwarz. Stiel lang, weiß, faserig, bald hohl, ohne Ring, mit knotenartiger Anschwellung am Grunde. Fleisch jung weiß, mürbe.

Vorkommen: Frühjahr bis Herbst im Gras, auf stickstoffreichen Böden, an Wegrändern, auf Wiesen und Schuttstellen, büschelig wachsend.

Verwechslung: Wie die folgende Art schon durch die Größe von anderen Tintlingen unterschieden.

Wert: Jung eßbar mit Einschränkungen: Alkoholgenuß vor, während oder nach dem Essen führt zu Vergiftungen (siehe Kapitel „Pilzvergiftungen").

Faltentintling – Coprinus atramentarius

Schopftintling
Coprinus comatus

Fruchtkörper: Hut 6–12 cm hoch und bis 6 cm breit, jung walzenförmig, später glokkig, mit anfangs weißlichen, später bräunlichen, abstehenden Schuppen. Scheitel glatt und bräunlich. Sehr bald wird der Hut von unten her rosa, dann schwarz und zerfließt schließlich zu einer tintenartigen Flüssigkeit. Lamellen ebenfalls zunächst weiß, dann rosa und zuletzt schwarz auflösend. Sporenstaub schwarz. Stiel weiß, dauerhaft, schlank, hohl, faserig, am Grunde knollig verdickt, mit beweglichem Ring. Fleisch erst weiß, dann schwarz zerfließend, anfangs mit angenehmem Geruch.

Vorkommen: Frühjahr bis Herbst auf gedüngten Grasflächen, stickstoffreichen Böden und Schuttstellen. Oft massenhaft.

Verwechslung: Leicht kenntlicher Pilz. Er ist höchstens mit der vorigen Art zu verwechseln.

Wert: Guter Speisepilz solange die Lamellen reinweiß sind. Bei der geringsten Rosaverfärbung wird er bereits muffig. Muß sofort zubereitet werden, da er innerhalb kürzester Zeit verdirbt.

Schopftintling – Coprinus comatus

Glimmertintling – Coprinus micaceus

Glimmertintling
Coprinus micaceus

Fruchtkörper: Hut 2–4 cm hoch, gelbbraun mit brauner Mitte, anfangs eiförmig und mit glimmerigen Schüppchen wie mit Kristallen bedeckt, später glockig, gerieft-längsfaltig, verkahlend, dünnfleischig, nicht zu Tinte zerfließend. Lamellen zuerst weißlich, zuletzt schwarz, gedrängt stehend, aufsteigend angeheftet. Sporenstaub schwarzbraun. Stiel weiß, glatt, hohl. Fleisch weißlich, im Stiel ocker.

Vorkommen: Frühjahr bis Herbst überall büschelig auf morschem Holz und, wenn dieses eingegraben ist, scheinbar auf dem Erdboden.

Verwechslung: Es gibt noch viele weitere kleine Tintlings-Arten, die ohne Speisewert sind.

Wert: Wie beim Faltentintling.

Spechttintling – Coprinus picaceus

Spechttintling
Coprinus picaceus

Fruchtkörper: Hut 6–10 cm hoch, jung länglich-eiförmig, rußbraun mit großen, weißen Flockenschuppen wie gescheckt – an das Gefieder eines Spechtes erinnernd. Alt glockig ausgebreitet und zu Tinte zerfließend. Lamellen gedrängt stehend, schwärzlich, zuletzt zerfließend. Sporenstaub schwarz. Stiel sehr lang, hohl, zur Basis hin schwach geschuppt, gebrechlich, ohne Ring. Fleisch brüchig mit muffigem Geruch.

Vorkommen: Sommer bis Herbst in Laubwäldern auf Humusböden.

Verwechslung: Durch seine Größe und die spechtartige Hutschuppung nicht zu verwechseln.

Wert: Wertlos.

Gesäter Tintling
Coprinus disseminatus

Fruchtkörper: Hut 1–2 cm breit, eiförmig-glockig, graugelblich, später dunkler, tief gefurcht, hautartig dünn. Lamellen etwas entfernt stehend, jung blaß fleischfarben, alt dunkelbraun, nicht zerfließend. Sporenstaub schwarz. Stiel blaß, dünn, meist verbogen.

Vorkommen: Schon ab Mai bis zum Herbst innerhalb und außerhalb des Waldes sehr zahlreich auf morschen Baumstümpfen und vergrabenem Holz.

Verwechslung: Es gibt weitere kleine Tintlinge, die jedoch nicht so rasig wachsen.

Wert: Wertlos.

Gesäter Tintling – Coprinus disseminatus

Behangener Faserling
Psathyrella candolleana

Fruchtkörper: Hut 5–10 cm breit, erst glockig gewölbt, dann ausgebreitet, weiß bis gelblich, älter oder in feuchtem Zustand braun, dünnfleischig, brüchig, mit Schleierresten am Hutrand. Lamellen gedrängt stehend, jung weißlich, alt graulila bis purpurbraun. Sporenstaub purpurschwarzbraun. Stiel weiß, dünn, hohl, sehr brüchig. Fleisch blaß, feucht, bräunlich, mild.

Vorkommen: Frühsommer bis Herbst im Laubwald, in Gärten und Gebüschen, büschelig oder gesellig an morschen Stümpfen und unter Brennesseln. Häufig.

Verwechslung: Ähnliche Saumpilze sind ebenfalls eßbar.

Wert: Eßbar.

Behangener Faserling – Psathyrella candolleana

Tränender Saumpilz – Lacrymaria lacrymabunda

Goldmistpilz – Bolbitius vitellinus

Tränender Saumpilz
Lacrymaria lacrymabunda
(Psathyrella velutina)

Fruchtkörper: Hut 4–10 cm breit, rötlichbraun-fuchsig, filzig-schuppig, jung glockig, alt ausgebreitet, gebuckelt, mit faserigem Randsaum. Lamellen erst bräunlich, dann purpurschwarz mit hellerer, weißliche Flüssigkeitströpfchen absondernder Schneide, gedrängt stehend, ausgebuchtet angewachsen. Sporenstaub schwarzbraun. Stiel weißlich, braunfaserig-schuppig, hohl, mit ringartigen Schleierresten. Fleisch blaß bräunlich, dünn und zerbrechlich, würzig riechend.

Vorkommen: Sommer bis Herbst an Waldrändern, Wegen, in Gebüschen, auf gedüngten Äckern und Wiesen, oft büschelig.

Verwechslung: Durch die tränenden Lamellen recht gut gekennzeichnet.

Wert: Eßbar.

Goldmistpilz
Bolbitius vitellinus

Fruchtkörper: Hut 1–5 cm breit, jung leuchtend goldgelb, schmierig, eiförmig; alt ausgebreitet, dünnfleischig, vom Rande her braun verfärbend, mit gefurchtem und gespaltenem Rand. Lamellen etwas gedrängt, jung weißlich, später ockergelb bis rostgelb, frei stehend. Sporenstaub rostbraun. Stiel gelblich, weiß, schlank, hohl, überall flockig, sehr gebrechlich. Fleisch dünn, brüchig, geruchlos.

Vorkommen: Frühsommer bis Herbst auf Mist und altem Stroh, an Wegen und Waldrändern, auf gedüngten Böden. Häufig.

Verwechslung: Junge Exemplare sind durch ihre leuchtende Farbe leicht kenntlich.

Wert: Wertlos.

Voreilender Ackerling – Agrocybe praecox

Voreilender Ackerling
Agrocybe praecox

Fruchtkörper: Hut 3–8 cm breit, jung halbkugelig, alt flach gewölbt, oft gebuckelt, lehmbraun, trocken ausblassend, glatt, kahl, dünnfleischig, mit Schleierresten am Hutrand. Lamellen eng stehend, blaßbraun bis dunkellehmbraun, breit angewachsen. Sporenstaub braun. Stiel schlank, hohl, brüchig, weißlich, mit deutlichem, dünnem, abstehendem Ring. Fleisch weißlich, brüchig, mit Mehlgeruch und mehlartigem, oft etwas bitterem Geschmack.

Vorkommen: Im Spätfrühling in Laubwäldern und Gebüschen, auch auf Feldern und an Rainen.

Verwechslung: Das frühe Erscheinen und der Mehlgeruch kennzeichnen den schlanken Pilz. Nicht mit Rißpilzen verwechseln, die zum Teil sehr giftig sind, aber nicht nach Mehl riechen.

Wert: Eßbar,aber die bitter schmeckenden Exemplare sind ungenießbar.

Rissiger Ackerling
Agrocybe dura

Fruchtkörper: Hut 3–10 cm breit, jung halbkugelig, ockergelblich, später ausblassend und weit ausgebreitet, milchweiß, trocken felderig aufgerissen, festfleischig, bisweilen mit Schleierresten am Hutrand. Lamellen gedrängt stehend, zuerst weißlichblaß, dann graulila und schließlich braun, breit angewachsen. Sporenstaub braun. Stiel weißlich, schuppig-faserig, bräunend, mit oft undeutlichem, fransigem Ring. Fleisch weiß, fest, ohne Mehlgeruch, mit etwas bitterem Geschmack.

Vorkommen: Sommer und Herbst auf Wiesen und Feldern, an Wegrändern, in Gärten.

Verwechslung: Kann bei oberflächlicher Beobachtung für einen Champignon gehalten werden. Unterscheidet sich vom Voreilenden Ackerling durch den fehlenden Mehlgeruch.

Wert: Minderwertig.

Rissiger Ackerling – Agrocybe dura

Grünspanträuschling – Stropharia aeruginosa

Grünspanträuschling
Stropharia aeruginosa

Fruchtkörper: Hut 3–8 cm breit, anfangs gänzlich von blaugrünem, „grünspanfarbenem“ Schleim überzogen und vor allem am Hutrand mit weißen Flöckchen bedeckt. Alt verliert er die Schleimschicht, und der Hut ist dann kahl und ockerfarben. Der Pilz ist jetzt kaum noch als diese Art erkennbar. Die schleimige Huthaut läßt sich leicht abziehen. Lamellen gedrängt stehend, jung blaß, später purpurbraun mit weißlicher Schneide, am Stiel angewachsen. Sporenstaub purpurbraun. Stiel hohl, mit oberseits geriefem Ring. Über dem Ring kahl, glatt; darunter schleimig mit weißen Flocken. Fleisch weißlich bis blaß grünlich, angeschnitten mit einem Geruch nach frischem Gras.

Vorkommen: Sommer bis Herbst in Laub- und Nadelwäldern und Gebüschen. Häufig.

Verwechslung: Jung leicht kenntliche Art.

Wert: Eßbar. Schleimige Huthaut abziehen.

Rotbrauner Riesenträuschling
Stropharia rugosoannulata

Fruchtkörper: Hut 10–20 cm breit, fleischig, jung halbkugelig geschlossen, alt ausgebreitet, strohgelb, gelbbraun oder rotbraun mit violettem Schein, feucht schmierig, trocken glatt oder fein radial gefasert. Hutrand zunächst eingerollt, mit Schleierresten. Lamellen jung graulila, alt braunviolett mit hellerer Schneide, eng stehend, breit am Stiel angewachsen. Sporenstaub dunkelbraunviolett. Stiel dick und derb, glatt, weißlich, später bräunlich, mit gekerbtem Ring, zuletzt hohl. Fleisch fest, weiß, mild.

Vorkommen: Sommer bis Herbst, manchmal in Maisfeldern. Selten.

Verwechslung: Ist schon mehrfach als Champignon gesammelt und gegessen worden, aber an seinen lila Lamellen zu erkennen.

Wert: Eßbar und ergiebig. Läßt sich leicht auf Stroh züchten und ist unter dem Namen „Braunkappe“ im Handel.

Grünblättriger Schwefelkopf
Hypholoma fasciculare

Fruchtkörper: Hut 2–6 cm breit, dünnfleischig, schwefelgelb mit dunklerer Mitte, anfangs glockig, dann ausgebreitet, mit Buckel, jung mit Schleierresten am nicht gerieften Hutrand. Lamellen gedrängt stehend, immer in grünen Farbtönen, jung gelbgrünlich, später dunkelbraungrün. Sporenstaub braun. Stiel hohl, gelblichgrün, unten dunkler, verbogen, mit ringartigen Schleierresten. Fleisch schwefelgelb, sehr bitter, mit unangenehmem Geruch.

Vorkommen: Fast das ganze Jahr überall in Büscheln an Laub- und Nadelholz.

Verwechslung: Mit Stockschwämmchen, Graublättrigem Schwefelkopf und Ziegelrotem Schwefelkopf. Stets auf die Grünfärbung der Lamellen achten!

Wert: GIFTIG!

Rotbrauner Riesenträuschling – Stropharia rugosoannulata

Grünblättriger Schwefelkopf – Hypholoma fasciculare

Ziegelroter Schwefelkopf
Hypholoma lateritium
(Hypholoma sublateritium)

Fruchtkörper: Hut 3–9 cm breit, ziegelrot, am Rand heller, fleckig, jung mit einem Schleier zwischen Hut und Stiel, später die grünlichgelben Schleierreste am Hutrand. Lamellen olivgelb bis olivgrün, schließlich purpurbraun, gedrängt stehend. Sporenstaub purpurbraun. Stiel hell bräunlich, mit ringförmigen Schleierresten. Fleisch gelblich, im Stiel bräunlich, schwach bitter, geruchlos.

Vorkommen: Herbst bis Spätherbst büschelig an Laubholzstümpfen.

Verwechslung: Mit dem giftigen Grünblättrigen Schwefelkopf. Auch das Stockschwämmchen besiedelt Laubholz.

Wert: Ungenießbar. Bitter.

Ziegelroter Schwefelkopf – Hypholoma lateritium

Graublättriger Schwefelkopf
Hypholoma capnoides

Fruchtkörper: Hut 2–6 cm breit, gelbbräunlich mit etwas fuchsigem Scheitel, dünnfleischig, zunächst gewölbt, dann flach. Hutrand jung mit Schleierresten. Lamellen etwas gedrängt stehend, erst blaß dann rauchgrau, alt purpurbraun, am Stiel breit angewachsen. Sporenstaub purpurbraun. Stiele verbogen, unten braun, oben heller, hohl. Fleisch weißlich, in der Stielbasis bräunlich, nie bitter.

Vorkommen: Fast das ganze Jahr in Büscheln an Nadelholz, besonders Kiefer und Fichte.

Verwechslung: Mit dem giftigen Grünblättrigen Schwefelkopf, der stets grüngefärbte Lamellen hat und bitter ist.

Wert: Eßbar. Guter Speisepilz.

Graublättriger Schwefelkopf – Hypholoma capnoides

Pappelschüppling
Pholiota populnea
(Pholiota destruens)

Fruchtkörper: Hut 5–15 cm breit, jung glockig, alt ausgebreitet und gebuckelt, dicht mit anliegenden, dachziegelartigen, faserig-wolligen, groben, blaßbraunen Schuppen bedeckt, dickfleischig. Hutrand lange eingerollt und mit fransigen Hautresten. Lamellen etwas entfernt stehend, zunächst blaßbräunlich, dann tabakbraun mit heller, gekerbter Schneide, am Stiel angewachsen. Sporenstaub dunkelrostbraun. Stiel dick, vollfleischig, krumm, grob geschuppt wie der Hut, über der schuppigen Ringzone glatt. Fleisch blaß, in der Stielbasis bräunlich, mit bitterem Geschmack.

Vorkommen: Sommer bis Herbst meist in Büscheln an lebenden und frisch geschlagenen Pappeln, bei letzteren meist an der Stirnfläche des Holzes.

Verwechslung: Leicht kenntliche Art.

Wert: Ungenießbar. Bitter.

Pappelschüppling – Pholiota populnea

Sparriger Schüppling – Pholiota squarrosa

Sparriger Schüppling
Pholiota squarrosa

Fruchtkörper: Hut 4–10 cm breit, strohgelb bis gelbbräunlich, trocken, dicht mit rotbraunen, abstehenden Schuppen bedeckt, anfangs glockig, später ausgebreitet. Hutrand eingerollt. Lamellen jung strohgelb, alt rostbraun, etwas am Stiel herablaufend, gedrängt stehend. Sporenstaub rostbraun. Stiel über dem ausgefransten Ring glatt, darunter sparrigschuppig wie der Hut. Fleisch weißlich, in der Stielbasis bräunlich, zäh, mit rettichartigem Geruch und Geschmack.

Vorkommen: Sommer bis Spätherbst büschelig an lebenden Stämmen von Nadel- und Laubholz. Auch an Obstbäumen.

Verwechslung: Ähnelt dem Hallimasch, ist jedoch durch die viel stärkere Schuppung von diesem unterschieden.

Wert: Wird von manchen Sammlern nach Abkochen und Fortgießen des Kochwassers gegessen.

Feuerschüppling – Pholiota flammans

Feuerschüppling
Pholiota flammans

Fruchtkörper: Hut 4–7 cm breit, leuchtend gelb, trocken, sparrig geschuppt, gewölbt bis flach, Hutrand eingerollt. Lamellen jung gelb, alt braungelb, ausgebuchtet angewachsen. Sporenstaub rostbräunlich. Stiel gelb, über dem abstehenden Ring glatt, darunter sparrig-schuppig wie der Hut. Fleisch gelb, mit Rettichgeruch und bitterem Geschmack.

Vorkommen: Sommer bis Herbst an Nadelholz.

Verwechslung: Es gibt weitere gelbe Schüpplinge, die alle ungenießbar sind.

Wert: Ungenießbar. Bitter.

Ziegelroter Rißpilz – Inocybe erubescens

Stockschwämmchen

Kuehneromyces mutabilis

Fruchtkörper: Hut 2–8 cm breit, erst glockig, dann ausgebreitet, anfangs gelb- bis honigbräunlich mit fuchsiger Mitte, bei Feuchtigkeit zwei farblich deutlich unterschiedliche Zonen erkennbar: Hutmitte heller, honiggelb bis braungelb; Randzone durchwässert, dunkler, zimtfarben, meist kahl, glänzend. Lamellen anfangs blaß, alt braun, gedrängt stehend, am Stiel leicht herablaufend. Sporenstaub rostbraun. Oft sind die unteren Fruchtkörper eines Büschels völlig mit dem Sporenstaub darüberstehender Pilzhüte bedeckt. Stiel oberhalb des Ringes weißlich, kahl und glatt, darunter mit flockigen Schüppchen, zäh. Fleisch weißlich, im Stiel bräunlich, mit würzigem Geruch.

Vorkommen: Frühjahr bis Herbst büschelig an toten Stämmen und Stümpfen von Laubholz. Nur ganz selten an Nadelholz.

Verwechslung: Nicht mit dem giftigen Grünblättrigen Schwefelkopf verwechseln, der stets grünliche Farbtöne an den Lamellen zeigt.

Wert: Einer der besten Speisepilze. Für alle Arten der Zubereitung und zum Trocknen hervorragend geeignet.

Ziegelroter Rißpilz

Inocybe erubescens (Inocybe patouillardii)

Fruchtkörper: Hut 3–8 cm breit, zunächst weiß, später ziegelrötlich, beim Aufschirmen vom Hutrand her einreißend („Rißpilz"), kegelig-glockig, längsfaserig. Lamellen jung weißlich, dann graugelblich, zuletzt erdbraun, an Verletzungsstellen rötlich gefleckt. Sporenstaub ockerbraun. Stiel vollfleischig, heller als der Hut, glatt, faserig. Fleisch weiß, schwach rötend, mit süßlichem Geruch.

Vorkommen: Schon im Spätfrühling bis Juli in Wäldern, vor allem unter Eichen und Buchen, in Gebüschen und Parkanlagen.

Verwechslung: Sehr leicht möglich mit dem zur gleichen Zeit und an denselben Standorten vorkommenden Maipilz, der Mehlgeruch aufweist und nie rötet. Wird auch mit Champignons verwechselt.

Wert: EINER UNSERER GEFÄHRLICHSTEN GIFTPILZE! Die Vergiftungserscheinungen treten eine halbe bis zwei Stunden nach dem Genuß auf.

Stockschwämmchen – Kuehneromyces mutabilis

Reifpilz – Rozites caperatus

Zimthautkopf – Hymenochaete cinnamomea

Reifpilz
Rozites caperatus

Fruchtkörper: Hut 5–12 cm breit, semmelgelb oder bräunlichgelb, anfangs halbkugelig und mit blaßlila Reif bedeckt, der leicht abgewaschen wird; später ausgebreitet und runzelig. Lamellen jung lehmfarben, alt rostbraun mit weißlicher, gekerbter Schneide. Sporenstaub rostbraun. Stiel weißlich, faserig, mit häutigem, anliegendem, auf der Oberseite gerieftem Ring. Fleisch gelblichweiß, unter der Huthaut dunkler, mit mildem Geschmack.

Vorkommen: Sommer bis Herbst in Nadelwäldern, besonders in Kiefernwäldern zwischen Blaubeeren oder Heidekraut.

Verwechslung: Mit braunen Haarschleierlingen, von denen viele giftig sind, die aber immer nur ringartige Schleierreste am Stiel aufweisen.

Wert: Eßbar und gut. Häufig madig.

Zimthautkopf
Hymenochaete cinnamomea
(Dermocybe cinnamomea)

Fruchtkörper: Hut 3–6 cm breit, gelblicholivbraun oder zimtbraun, trocken, breit-gebuckelt, mehr oder weniger faserig. Lamellen orange- bis safrangelb, ziemlich breit. Sporenstaub rostbraun. Stiel etwas heller als der Hut, faserig. Fleisch olivgelblich mit dumpfem Geruch.

Vorkommen: Sommer bis Herbst in Laub- und Nadelwäldern.

Verwechslung: Mit ähnlichen Hautköpfen, zum Beispiel mit dem tödlich giftigen Orangefuchsigen Hautkopf, der in Deutschland bisher nur selten gefunden wurde.

Wert: Ungenießbar.

Zinnoberroter Hautkopf
Cortinarius cinnabarinus
(Dermocybe cinnabarina)

Fruchtkörper: Hut 3–7 cm breit, jung gewölbt, dann ausgebreitet, zinnoberrot, alt und feucht braunrot, dickfleischig, matt. Lamellen breit, entfernt stehend, mit gekerbter Schneide, etwas dunkler als der Hut. Sporenstaub rostbraun. Stiel schlank, hohl, seidigfaserig, mit ringartigen Schleierresten, lange zinnoberrot, zuletzt bräunlich. Fleisch fest, blasser als der Hut, mit Rettichgeruch.

Vorkommen: Sommer bis Herbst unter Buchen und Hainbuchen.

Verwechslung: Ähnliche Hautköpfe mit roten Farben sind ebenfalls ungenießbar. Der Orangefuchsige Hautkopf, ebenso groß, jedoch mit mehr bräunlichroten, fuchsigen Hut- und Lamellenfarben und gelbem Stiel ist tödlich giftig!

Wert: Ungenießbar, giftverdächtig.

Zinnoberroter Hautkopf – Cortinarius cinnabarinus

Beringter Flämmling
Gymnopilus junonius
(Gymnopilus spectabilis)

Fruchtkörper: Hut 5–15 cm breit, jung leuchtend gelb, halbkugelig und glatt, älter gelbbräunlich, gewölbt bis ausgebreitet und bräunlich schuppig-faserig, mit nicht gerieftem Rand. Lamellen jung gelblich, älter mehr rostbraun und gekerbt, ziemlich eng stehend, ausgerandet, mit Zahn herablaufend. Sporenstaub rostbraun. Stiel lang und dick, blaßgelblich, wurzelartig verlängert, mit häutigem Ring, unterhalb des Ringes faserig. Fleisch gelb, sehr bitter.

Vorkommen: Sommer bis Herbst büschelig an Laubholzstümpfen, gern an Koppelpfählen von Viehweiden.

Beringter Flämmling – Gymnopilus junonius

Verwechslung: Auffällige Art. Von ungenießbaren, ebenfalls gelben Schüpplingen vor allem durch die Größe unterschieden.

Wert: GIFTIG! Enthält Giftstoffe mit rauschähnlicher Wirkung.

Geschmückter Gürtelfuß – Cortinarius armillatus

Ziegelgelber Schleimkopf – Cortinarius varius

Geschmückter Gürtelfuß

***Cortinarius armillatus* (*Hydrocybe armillata*)**

Fruchtkörper: Hut 5–12 cm breit, flach glockenförmig bis ausgebreitet, ziegelrotbraun, faserig-schuppig. Hutrand anfangs mit einem spinnwebartigen, feinen Schleier mit dem Stiel verbunden. Lamellen jung hellbraun, alt zimtbraun, entfernt stehend, ausgebuchtet angeheftet. Sporenstaub zimtbraun. Stiel lang, schlank, leicht keulenförmig, bräunlich-faserig mit mehreren auffälligen zinnoberroten Gürteln. Fleisch blaßbraun ohne bemerkenswerten Geruch.

Vorkommen: Sommer bis Herbst in Laubwäldern, besonders unter Birken.

Verwechslung: Durch die typischen Gürtel am Stiel kaum verwechselbar.

Wert: Eßbar, wird aber nicht von jedermann vertragen.

Ziegelgelber Schleimkopf

Cortinarius varius

Fruchtkörper: Hut 8–12 cm breit, gelborange oder semmelbraun, in der Mitte mehr fuchsig, jung halbkugelig, alt flach gewölbt bis ausgebreitet, glatt, schmierig, derbfleischig. Hutrand zuerst eingerollt und mit Hautresten behangen. Lamellen lange sattlila, schließlich mehr bräunlich, eng stehend, ausgebuchtet angewachsen. Sporenstaub hellrostbraun. Stiel vollfleischig, oben blaß lila, zur Basis hin keulenförmig oder knollig verdickt. Fleisch weiß, mit rettichartigem Geruch und mildem Geschmack.

Vorkommen: Sommer bis Herbst in Nadelwäldern auf Kalkboden.

Verwechslung: Die Art ist durch den semmelbraunen Hut, die lange blaulila bleibenden Lamellen und den keulenförmigen Stiel recht gut gekennzeichnet. Es gibt jedoch ähnliche Arten, von denen viele giftig sind.

Wert: Eßbar. Guter Speisepilz.

Stinktäubling
Russula foetens

Fruchtkörper: Hut 6–15 cm breit, gelbbraun, jung halbkugelig, alt ausgebreitet bis niedergedrückt und unregelmäßig wellig verbogen. Huthaut feucht schleimig-gelatinös. Hutrand kammartig gerieft. Lamellen zunächst weißlich, dann gelbbräunlich, Flüssigkeitstropfen absondernd und dadurch braunfleckig, ziemlich entfernt stehend, abgerundet am Stiel angewachsen. Sporenstaub weißlich. Stiel kräftig, weißlich, erst vollfleischig, bald zellig hohl. Fleisch weißlich, starr, brüchig, scharf, mit ekelerregendem Geruch.

Vorkommen: Sommer bis Herbst in Laub- und Nadelwäldern.

Verwechslung: Durch seinen Geruch eindeutig gekennzeichnet.

Wert: GIFTIG!

Stinktäubling – Russula foetens

Dickblättriger Schwarztäubling
Russula nigricans

Fruchtkörper: Hut 8–20 cm breit, jung grauweiß, halbkugelig, mit eingerolltem Rand, dann rußbraun, ausgebreitet und genabelt, alt schwarz, dickfleischig. Lamellen anfangs weiß, bald wie der gesamte Fruchtkörper immer dunkler bis schwarz werdend, sehr dick und sehr entfernt stehend, am Stiel angeheftet. Sporenstaub reinweiß. Stiel erst weißlich, später ebenfalls immer dunkler bis schwarz, kurz, dick. Fleisch hart, starr, brüchig, alt käsig-krümelig, im Schnitt deutlich rötend, nicht immer mild. Der Pilz fault schwer, und man findet häufig völlig kohligschwarze Mumien.

Vorkommen: Sommer bis Herbst in Laub- und Nadelwäldern. Häufig.

Dickblättriger Schwarztäubling – Russula nigricans

Verwechslung: Es gibt drei weitere Schwarztäublinge; doch durch die sehr entfernt stehenden Lamellen zusammen mit dem rötenden Fleisch unverwechselbar.

Wert: Jung eßbar, jedoch nicht besonders gut.

Ockertäubling – Russula ochroleuca

Wechselfarbiger Täubling – Russula risigalina

Ockertäubling

Russula ochroleuca

Fruchtkörper: Hut 5–12 cm breit, gelb bis gelbocker, gewölbt bis ausgebreitet und in der Mitte niedergedrückt, klebrig, Rand lange glatt, höchstens alt etwas gerieft. Die Huthaut glatt und bis zur Hälfte abziehbar. Lamellen weiß, abgerundet angewachsen, ziemlich eng stehend. Sporenstaub weißlich. Stiel weiß, alt grauend, vollfleischig, später schwammig. Fleisch weiß, alt grauend, brüchig, dann weich, vom Standort abhängig verschieden scharf.

Vorkommen: Sommer bis Herbst in Laub- und Nadelwäldern. Häufig.

Verwechslung: Es gibt noch weitere ähnliche gelbe Täublinge.

Wert: Bedingt eßbar, aber von geringem Wert. Die Geschmacksprobe mit einem Lamellenstück entscheidet über Schärfe und Brauchbarkeit.

Wechselfarbiger Täubling

Russula risigalina (Russula lutea)

Fruchtkörper: Hut 3–7 cm breit, dottergelb bis aprikosengelb, jung halbkugelig, alt niedergedrückt, feucht schmierig, trocken glanzlos. Hutrand lange glatt, erst im Alter etwas gerieft. Huthaut abziehbar. Lamellen zunächst weißlich, später gelb, zuletzt etwas orange. Sporenstaub dottergelb. Stiel weiß, manchmal mit rosa Schein, brüchig, älter hohl. Fleisch weiß, sehr brüchig, mild.

Vorkommen: Sommer bis Herbst unter Laubbäumen.

Verwechslung: Kleiner als die meisten anderen gelben Täublinge.

Wert: Eßbar, aber ohne Wert.

Gelber Graustieltäubling
Russula claroflava
(Russula flava)

Fruchtkörper: Hut 4–10 cm breit, leuchtend chromgelb, jung halbkugelig und klebrig, alt ausgebreitet-niedergedrückt, trocken, glanzlos, mit meist leicht gerieftem Rand. Huthaut abziehbar. Lamellen erst weiß, dann gelblich, zuletzt grau bis schwarz, schmal, am Stiel angewachsen. Sporenstaub buttergelb. Stiel lang, schlank, weißlich, alt und bei Druck grauend bis schwärzend. Fleisch weiß, im Schnitt und alt grauend, mild, jung fest, älter schwammig-käsig, geruchlos.

Vorkommen: Sommer bis Herbst bei Birken auf Torfböden.

Verwechslung: Die leuchtende Hutfarbe und das grauende Fleisch sind gute Erkennungsmerkmale.

Wert: Eßbar.

Gelber Graustieltäubling – Russula claroflava

Orangeroter Graustieltäubling
Russula decolorans

Fruchtkörper: Hut 3–10 cm breit, ziegelrot bis orangerot, älter gelblich ausblassend, lange halbkugelig, zuletzt ausgebreitet-niedergedrückt, bisweilen genabelt, jung klebrig-schmierig, dann trocken, glatt. Hutrand erst zuletzt etwas gerieft. Lamellen ziemlich eng stehend, zunächst weiß, dann buttergelb, alt grauend. Sporenstaub buttergelb. Stiel lang, schlank, weiß, älter grauend, längsrunzelig. Fleisch weiß, älter grauend und zuletzt grauschwärzlich, mild, jung fest, schließlich schwammig-mürbe.

Vorkommen: Sommer bis Herbst in Nadelwäldern. In Kiefernwäldern ist der Orangerote Graustieltäubling oft der häufigste Täubling.

Orangeroter Graustieltäubling – Russula decolorans

Verwechslung: Sehr ähnlich ist der ebenfalls eßbare Weinrote Graustieltäubling. Nicht mit dem giftigen Speitäubling verwechseln, der weiße Lamellen und weißen Sporenstaub besitzt und im Fleisch nicht graut.

Wert: Eßbar.

Grasgrüner Täubling – Russula aeruginea

Grasgrüner Täubling
Russula aeruginea

Fruchtkörper: Hut 5–10 cm breit, gelbgrün bis grün, am Rand und alt oft ausblassend, jung halbkugelig, alt niedergedrückt-genabelt, etwas schmierig. Huthaut bis zur Hälfte abziehbar. Hutrand mehr oder weniger gerieft. Lamellen eng stehend, anfangs weiß, später gelblich, oft rostfleckig. Sporenstaub cremegelb. Stiel weiß, später braunfleckig. Fleisch weiß, brüchig, mild, zunächst fest, dann weich und käsig-krümelig.

Vorkommen: Sommer bis Herbst in Nadelwäldern, vorwiegend unter Birken.

Verwechslung: Mit dem tödlich giftigen Grünen Knollenblätterpilz, der eine knollige Stielbasis mit tütenartiger Scheide und einen Ring am Stiel besitzt.

Wert: Unbekömmlich.

Grünfeldriger Täubling
Russula virescens

Fruchtkörper: Hut 5–15 cm breit, jung halbkugelig, dann niedergedrückt und mit einwärts gebogenem Rand, grün bis graugrün. Oberhaut vom Rand her felderig aufgerissen, oft mit weißen Stellen, zur Hälfte abziehbar, feucht etwas schmierig. Lamellen weiß, später blaß cremefarben, ziemlich entfernt stehend. Sporenstaub weißlich. Stiel weiß, fest, vollfleischig. Fleisch weiß, sehr fest, alt mürbe, mild mit nußartigem Geschmack.

Vorkommen: Sommer bis Herbst, vor allem in Laubwäldern auf saurem Boden.

Verwechslung: Mit der vorigen Art und mit dem tödlich giftigen Grünen Knollenblätterpilz.

Wert: Guter Speisepilz. Gilt als der beste Täubling.

Grünfeldriger Täubling – Russula virescens

Speitäubling
Russula emetica

Fruchtkörper: Hut 5–10 cm breit, leuchtend blutrot, bei Regen ockergelblich ausbleichend und schmierig, Rand nicht gerieft. Huthaut abziehbar. Lamellen weiß, etwas gedrängt stehend. Sporenstaub reinweiß. Stiel weiß, zuweilen etwas rötlich überlaufen, starr und sehr brüchig. Fleisch weiß, unter der Huthaut rötlich, mit obstartigem Geruch und sehr scharfem Geschmack.

Vorkommen: Sommer bis Herbst in Laub- und Nadelwäldern.

Verwechslung: Zu den Speitäublingen gehören mehrere, nahe verwandte Arten. Außerdem gibt es eine ganze Anzahl weiterer roter Täublinge.
Die Geschmacksprobe mit einem Lamellenstück entscheidet über den Speisewert.

Wert: GIFTIG! Führt zu heftigen Verdauungsstörungen.

Speitäubling – Russula emetica

Fleischroter Speisetäubling
Russula vesca

Fruchtkörper: Hut 5–9 cm breit, fleischrosa bis braunrosa, festfleischig, etwas schmierig, trocken glanzlos, anfangs halbkugelig, später niedergedrückt. Huthaut den Rand nicht ganz erreichend, so daß die Lamellen sichtbar werden, bis zur Hälfte abziehbar. Lamellen weiß, eng stehend, oft rostfleckig. Sporenstaub weiß. Stiel unten zugespitzt, weiß, im Alter häufig rostfleckig. Fleisch fest, weiß, mit Nußgeschmack und unauffälligem Geruch.

Vorkommen: Sommer bis Herbst in Laub- und Nadelwäldern.

Verwechslung: Es gibt viele rote Täublinge. Über den Speisewert entscheidet die Geschmacksprobe mit einem Lamellenstück.

Wert: Eßbar und gut. Wird viel gesammelt.

Fleischroter Speisetäubling – Russula vesca

Frauentäubling
Russula cyanoxantha

Fruchtkörper: 5–15 cm breit, mit grünen, stahlblauen, violetten und auch mit gelben Farben, oft verschiedenfarbig gefleckt, anfangs halbkugelig, später ausgebreitet, niedergedrückt, glänzend, oft radialfaserig, feucht klebrig, Rand nur im Alter gerieft. Huthaut nur am Rand abziehbar. Lamellen weiß, gedrängt stehend, gegabelt, als Ausnahme bei den Täublingen nicht splitternd, sondern weich und biegsam. Sporenstaub weiß. Stiel weiß, vollfleischig, manchmal mit lilarötlichem Schein. Fleisch weiß, jung fest, alt käsig-krümelig, geruch- und geschmacklos.

Vorkommen: Sommer bis Herbst vor allem in Laubwäldern.

Frauentäubling – Russula cyanoxantha

Verwechslung: Nicht mit anderen Täublingen zu verwechseln, wenn man auf die biegsamen Lamellen achtet.

Wert: Eßbar und gut.

Brauner Ledertäubling – Russula integra

Brauner Ledertäubling
Russula integra

Fruchtkörper: Hut 6–15 cm breit, jung halbkugelig, hart und fleischig, später ausgebreitet, in der Mitte niedergedrückt, weich, braun oder braungelb bis purpurn oder schokoladenbraun, feucht klebrig-schmierig, glänzend, fleischig. Huthaut bis zur Hälfte abziehbar. Lamellen erst milchweiß, dann gelblich, auffallend splitternd, etwas entferntstehend, manchmal gegabelt. Sporenstaub ockergelb. Stiel kurz, dick vollfleischig, alt zellig-hohl, weiß, oft rötlich überlaufen, sehr brüchig. Fleisch weiß, später etwas gelblich, sehr brüchig, jung fest, alt mürbe-käsig mit nußartigem Geschmack.

Vorkommen: Sommer bis Herbst in Laub- und Nadelwäldern.

Verwechslung: Nicht mit dem scharfen ungenießbaren Zedernholztäubling verwechseln!

Wert: Eßbar und gut.

Harter Zinnobertäubling – Russula lepida

Harter Zinnobertäubling

Russula lepida
(Russula rosacea)

Fruchtkörper: Hut 5–10 cm breit, leuchtend zinnoberrot, Mitte häufig heller ausgeblaßt, jung halbkugelig, später gewölbt bis ausgebreitet, trocken, samtig, bereift, glanzlos, oft feinfelderig aufgerissen. Huthaut nicht abziehbar. Lamellen weiß bis gelblich, oft mit roter Schneide. Sporenstaub weißlich. Stiel weiß, rosa oder rötlich überlaufen, am Grunde gelbbraun gefleckt. Fleisch weiß, fest, sehr hart, mit bitterem Geschmack nach Bleistiftholz.

Vorkommen: Sommer bis Herbst in Laubwäldern, besonders unter Buchen, selten auch in Nadelwäldern, oft auf kalkhaltigen Böden.

Verwechslung: Farbenprächtige, leicht kenntliche Art.

Wert: Ungenießbar.

Zedernholztäubling – Russula badia

Apfeltäubling – Russula paludosa

Zedernholztäubling

Russula badia

Fruchtkörper: Hut 8–12 cm breit, braunrot bis schwarzpurpur, oft hell gefleckt, jung gewölbt, alt niedergedrückt-genabelt. Hutrand erst spät etwas gerieft. Huthaut zunächst feucht-schmierig und weit abziehbar, dann aber trocken, glanzlos, samtig und nicht mehr abziehbar. Lamellen gelblich bis hellocker, eng stehend. Sporenstaub hellocker. Stiel weiß, rot überhaucht, kräftig, derb, längsrunzelig. Fleisch weiß, anfangs fest, später schwammig-mürbe, scheinbar mild, erst nach einigem Kauen sehr scharf und zuletzt fast unerträglich. Der Geruch erinnert an Zigarrenkisten, die aus Zedernholz hergestellt werden.

Vorkommen: Sommer bis Herbst in Nadelwäldern, auf sauren Böden.

Verwechslung: Durch seinen Geruch leicht kenntlicher Pilz.

Wert: Ungenießbar.

Apfeltäubling

Russula paludosa

Fruchtkörper: Hut 8–15 cm breit, leuchtend rot, Mitte oft dunkler und Rand heller, fleischig, jung glockig, älter ausgebreitet-niedergedrückt. Huthaut klebrig-glänzend, weit abziehbar. Hutrand erst alt gerieft. Lamellen weiß bis gelb, entfernt stehend, breit, angeheftet, Schneiden zuweilen rötlich. Sporenstaub buttergelb. Stiel lang und kräftig, weiß mit rötlichem Schein, zunächst fest und voll, dann innen mehr und mehr schwammig und oft etwas grauend. Fleisch weiß, mild, geruchlos, bald schwammig-weich.

Vorkommen: Sommer bis Herbst in Nadelwäldern.

Verwechslung: Ähnlich ist der an denselben Standorten vorkommende und ebenfalls eßbare Orangerote Graustieltäubling. Der giftige Speitäubling schmeckt brennend scharf.

Wert: Eßbar und gut.

Wolliger Milchling
Lactarius vellereus

Fruchtkörper: Hut 12–20 cm breit, dickfleischig, jung weiß und gewölbt-genabelt; alt ockergelb, bräunlich-fleckig, niedergedrückt und trichterförmig vertieft. Hutrand zuerst eingerollt und samtfilzig. Huthaut anfangs wollig-samtig, später kahl, trocken. Lamellen erst weißlich, dann ocker, dunkler fleckend, entfernt stehend, am Stiel kurz herablaufend. Sporenstaub weißlich. Stiel weißlich, kurz, dick, jung filzig. Fleisch weiß, hart, brüchig mit weißer, sehr scharfer Milch.

Vorkommen: Sommer bis Herbst in Laub- und (seltener) Nadelwäldern.

Verwechslung: Mit der folgenden Art, die jedoch eng stehende Lamellen besitzt.

Wert: Ungenießbar, zu scharf.

Wolliger Milchling – Lactarius vellereus

Langstieliger Pfeffermilchling
Lactarius piperatus

Fruchtkörper: Hut 6–12 cm breit, weiß, trocken, glatt, dickfleischig, jung gewölbt-genabelt, alt trichterförmig. Hutrand lange eingerollt. Lamellen weiß, etwas fleckend, sehr eng stehend, kurz am Stiel herablaufend. Sporenstaub weißlich. Stiel weiß, glatt, derb, auffallend lang. Fleisch weiß, hart, mit weißer, brennend scharfer Milch.

Vorkommen: Sommer bis Herbst in Laubwäldern (oft bei Buchen) und Gebüschen.

Verwechslung: Mit der vorigen Art, die aber entfernt stehende Lamellen hat.

Wert: Wird in manchen Gegenden sehr heiß (auf glühender Herdplatte) gebraten und gegessen.

Langstieliger Pfeffermilchling – Lactarius piperatus

Flaumiger Milchling –
Lactarius pubescens

Flaumiger Milchling
Lactarius pubescens

Fruchtkörper: Hut bis 10 cm breit, jung gelblichblaß und gewölbt, alt bräunlich-fleischfarben, flach trichterförmig, ungezont, dünnfleischig, etwas schmierig. Hutrand lange eingerollt und nur kurz bewimpert. Lamellen hell fleischfarben, eng stehend, am Stiel angeheftet oder kurz herablaufend. Sporenstaub gelblich. Stiel hellfleischfarben, kurz, ausgestopft. Fleisch weiß, fest, mit weißer, sehr scharfer Milch.

Vorkommen: Sommer bis Herbst bei in Parks und Gärten angepflanzten Birken, vor allem an feuchten Stellen.

Verwechslung: Ist dem Birkenreizker sehr ähnlich, und die Abgrenzung ist bisher nicht sicher. Abgesehen von dem heller gefärbten, nicht gezonten Hut unterscheidet sich der Flaumige Milchling durch kleinere Sporen. Dieses Merkmal ist allerdings nur unter dem Mikroskop erkennbar.

Wert: GIFTIG!

Birkenreizker
Lactarius torminosus

Fruchtkörper: Hut 4–10 cm breit, gelbbraun bis fleischfarben mit dunkleren konzentrischen Ringen, jung gewölbt, genabelt, mit lange eingerolltem, stark zottigem Rand, später ausgebreitet bis leicht trichterförmig, feucht schmierig. Lamellen blaßrosa, etwas am Stiel herablaufend, eng stehend. Sporenstaub weißlich. Stiel blaßrosa, oben heller, grubig vertieft, bald hohl. Fleisch brüchig, weißrosa, mit unverändert weißer, brennend scharfer Milch.

Vorkommen: Sommer bis Herbst unter Birken in Wäldern, Parks und Gärten, gern auf sauren Böden.

Verwechslung: Mit ähnlichen Milchlingen mit zottigem Hutrand und weißer Milch und mit dem Fichtenreizker, der roten Milchsaft besitzt.

Wert: GIFTIG! In Osteuropa früher wie alle übrigen scharfen Milchlinge durch Abkochen oder Silieren genießbar gemacht.

Birkenreizker – Lactarius torminosus

Goldflüssiger Milchling – Lactarius chrysorrheus

Goldflüssiger Milchling

Lactarius chrysorrheus

Fruchtkörper: Hut 3–6 cm breit, orangefleischfarben oder orangegelb, dunkler gezont oder gefleckt, glatt, feucht schmierig, niedergedrückt bis trichterförmig. Hutrand jung eingebogen, ohne fransigen Behang. Lamellen blaß gelborange, gedrängt stehend, am Stiel angewachsen bis kurz herablaufend. Sporenstaub blaßocker. Stiel ähnlich dem Hut gefärbt, jung vollfleischig, alt hohl. Fleisch weiß, mit scharfer, weißer, innerhalb weniger Sekunden schwefelgelb verfärbter Milch. Geruch unbedeutend. Geschmack anfangs mild, nach einiger Zeit dann immer schärfer.

Vorkommen: Sommer bis Herbst vorwiegend bei Eichen.

Verwechslung: Es gibt einige weitere Milchlinge mit gelber oder gelb werdender Milch, die ebenfalls ungenießbar sind.

Wert: Ungenießbar.

Fichtenreizker – Lactarius deterrimus

Fichtenreizker
Lactarius deterrimus

Fruchtkörper: Hut 10–12 cm breit, zuerst gewölbt-genabelt, mit eingerolltem, nie zottigem Rand, später trichterförmig, orangerot, bei Verletzung grün verfärbend, im Alter zunehmend mit kreisförmigen grünen Zonen, glatt, feucht etwas schmierig. Lamellen etwas am Stiel herablaufend, eng stehend, hellorange, grünfleckig. Sporenstaub blaß. Stiel wie der Hut gefärbt, am Ansatz der Lamellen in einer ringförmigen Zone heller bereift, bald hohl. Fleisch im Stiel weißlich, sonst gelblich, bei Schnitt und Verletzung eine orangerote, langsam rötende Milch absondernd, mit bitterem, harzigem Geschmack.

Vorkommen: Sommer bis Spätherbst in Fichtenwäldern.

Verwechslung: Diese Art hat mehrere sehr nahe Verwandte, die alle hell- bis weinroten Milchsaft aufweisen und ebenfalls eßbar sind. Sie kommen in Kiefernwäldern oder Nadelwäldern auf Kalkböden vor.

Wert: Eßbar, besonders zum Einlegen in Essig geeignet. Nach dem Genuß von Reizkern mit roter Milch färbt sich der Urin rot.

Bruchreizker, Maggipilz
Lactarius helvus

Fruchtkörper: Hut 5–15 cm breit, ledergelb oder gelbrötlich, matt und trocken, feinschuppig, nicht oder schwach gezont und ohne zottigen Rand, gewölbt, später ausgebreitet bis trichterförmig. Lamellen blaßocker bis rötlichocker, eng stehend, etwas am Stiel herablaufend. Sporenstaub blaß. Stiel rötlichgelb, alt hohl, unten filzig. Fleisch blaßgelblich, brüchig, mit wenig wasserheller Milch und typischem Maggigeruch, der beim Trocknen noch deutlicher wird.

Vorkommen: Sommer bis Herbst, besonders in Nadelwäldern, unter Fichten und Birken, gern in Mooren.

Verwechslung: Durch seinen typischen Geruch unverwechselbar. Einen ebenfalls aufdringlichen, aber mehr an Kampfer erinnernden Geruch hat der Kampfermischling.

Wert: GIFTIG! Trotz seines angenehmen Würzgeruchs führt dieser Pilz zu Verdauungsstörungen mit Übelkeit und Erbrechen. Getrocknet und pulverisiert wurde er in kleinen Mengen als Würzpilz genommen. Die Giftstoffe sind dann zerstört.

Bruchreizker, Maggipilz – Lactarius helvus

Grubiger Milchling
Lactarius scrobiculatus

Fruchtkörper: Hut 12–20 cm breit, anfangs gewölbt-genabelt, später trichterförmig, strohgelb bis goldgelb, durch dunklere Zotten ringartig gezont, fleischig. Hutrand lange eingerollt und zottig behangen. Lamellen entfernt stehend, gelblich, kurz am Stiel herablaufend. Sporenstaub hellocker. Stiel gelblich, kurz, bald hohl, mit zahlreichen flachen, dunkleren Gruben. Fleisch gelblich, mit weißem, sofort schwefelgelb werdendem, brennend scharfem Milchsaft.

Vorkommen: Sommer bis Herbst in Nadelwäldern.

Verwechslung: Größe, auffallende Färbung, die gelb werdende Milch und der grubige Stiel machen den Grubigen Milchling leicht kenntlich.

Wert: Ungenießbar.

Grubiger Milchling – Lactarius scrobiculatus

Kampfermilchling
Lactarius camphoratus

Fruchtkörper: Hut 3–7 cm breit, rotbraun bis dunkelbraun, ungezont, matt, trocken, anfangs gewölbt-gebuckelt, später trichterförmig mit Buckel. Hutrand jung eingerollt, alt unregelmäßig verbogen, etwas gerieft. Lamellen hell fleischrötlich, im Alter rotbraun, weißmehlig, gedrängt stehend, am Stiel angewachsen. Sporenstaub blaß. Stiel etwas heller als der Hut, zur Basis hin dunkler, hohl. Fleisch rotbraun, mit wässerig-weißer, milder Milch und süßlich-kampferähnlichem Geruch (wie Zichorien), der beim Trocknen noch stärker wird.

Vorkommen: Sommer bis Herbst in Nadel- und Laubwäldern, unter Kiefern, Fichten oder Buchen. Häufig.

Kampfermilchling – Lactarius camphoratus

Verwechslung: Durch den typischen Geruch gut gekennzeichnet.

Wert: Eßbar.

Brätling
Lactarius volemus

Fruchtkörper: Hut 10–15 cm breit, jung flach gewölbt mit eingerolltem Rand und genabelter Mitte, alt niedergedrückt, orangebraun, häufig rissig, trocken und glanzlos. Lamellen gelblich, bei Verletzung braunfleckend, etwas gedrängt stehend. Sporenstaub blaß. Stiel etwas heller als der Hut, glatt, brüchig. Fleisch blaß bräunlichgelb, mit reichlich weißer, milder, braunfärbender Milch und zuletzt mit Geruch nach Heringslake.

Vorkommen: Sommer bis Herbst in Laubwäldern, besonders bei Buchen. Im Gebirge kommt der Brätling auch in Nadelwäldern vor.

Verwechslung: Mit dem ebenfalls eßbaren Runzeliggezonten Milchling sowie mit dem ungenießbaren Rotbraunen Milchling. Auf die reichlich austretende, milde, weiße, bräunende Milch achten.

Wert: Guter Speisepilz. Eine der wenigen Arten, die auch roh verwendet werden können.

Brätling – Lactarius volemus

Tannenreizker
Lactarius necator

Fruchtkörper: Hut 5–15 cm breit, jung olivgrün mit gelbgrünem Rand, gewölbt, alt oliv/braun-schwärzlich, ausgebreitet-genabelt, ungezont, dickfleischig, klebrig-schleimig, hart. Hutrand lange eingerollt und filzigbärtig behangen. Lamellen gelblich, dunkel fleckend, gedrängt stehend, am Stiel etwas herablaufend. Sporenstaub gelblich. Stiel vollfleischig, heller oliv als der Hut, kurz, oft grubig, hohl werdend. Fleisch fest, alt käsig-bröckelig, weißlichgelb, mit weißer, brennend scharfer Milch.

Vorkommen: Sommer bis Herbst in Nadelwäldern auf sauren Böden. Bevorzugt bei eingestreuten Birken.

Verwechslung: Recht gut kenntlich durch den Standort und die düstere Färbung. Ähnliche Arten im Laubwald sind ebenfalls ungenießbar.

Wert: Ungenießbar, doch ist der alte volkstümliche Name „Mordschwamm“ völlig unberechtigt.

Tannenreizker – Lactarius necator

Rotbrauner Milchling
Lactarius rufus

Fruchtkörper: Hut 3–10 cm breit, rotbraun, ungezont, jung flach gewölbt mit eingerolltem, nicht zottigem Rand, später ausgebreitet bis trichterförmig, genabelt, doch stets mit deutlichem, kleinem Buckel in der Hutmitte. Lamellen erst blaß rotbräunlich, eng stehend, wenig am Stiel herablaufend. Sporenstaub weißlich. Stiel etwas heller als der Hut, hohl werdend. Fleisch blaßbräunlich, mit scharfem, unverändert weißem Milchsaft, brüchig.

Vorkommen: Sommer bis Herbst in Nadelwäldern auf sauren Böden. Oft massenhaft.

Rotbrauner Milchling – Lactarius rufus

Verwechslung: Nicht mit dem als guter Speisepilz geltenden Brätling verwechseln, der jedoch vorwiegend in Laubwäldern, besonders bei Buchen wächst.

Wert: Ungenießbar.

Stinkmorchel – Phallus impudicus

Hundsrute – Mutinus caninus

Stinkmorchel
Phallus impudicus

Fruchtkörper: Zunächst bis 4 cm breiter, eiförmiger, weißlicher Körper (Hexenei), der oft halb aus der Erde ragt. Im Schnitt zeigt sich außen zwischen zwei Häuten eine bräunliche Gallertschicht; innen der fertig angelegte eigentliche Fruchtkörper. Bei der Sporenreife öffnet sich die Außenhülle, und der Pilz entwickelt sich in kurzer Zeit. Stiel bis über 10 cm lang, weiß, hohl, zellig-porös, am Grunde von der Hülle des Hexeneis umschlossen. Hut länglich-rund, glockenförmig, anfangs mit olivgrünem Schleim bedeckt, dessen intensiver Aasgeruch bereits aus größerer Entfernung wahrnehmbar ist und der bald abtropft und von Fliegen und Insekten fortgetragen wird; schließlich weißlich, morchelartig-wabig gekammert.

Vorkommen: Sommer bis Herbst in Wäldern, oft auf mulmigen Holzresten.

Verwechslung: Ähnlich ist die Hundsrut.

Wert: Ungenießbar. Es soll Pilzfreunde geben, die Hexeneier in Scheiben geschnitten braten und verzehren.

Hundsrute
Mutinus caninus

Fruchtkörper: Kleiner und zierlicher als bei der vorigen Art. Hexenei länglich-rund, weißlich bis gelblich, oft mehrere nebeneinander stehend. Bei der Sporenreife öffnet es sich, und der im Inneren bereits fertig angelegte Fruchtkörper entwickelt sich schnell. Stiel höchstens 10 cm lang und etwa 1 cm dick, rötlichgelb bis orange, zellig-porös, hohl, in einer kaum abgesetzten Spitze endend, die anfangs von olivgrünem, nur ganz schwach aasartig riechendem Schleim bedeckt ist, der von Insekten fortgetragen wird oder abtropft. Der Pilz ist sehr zerbrechlich und fällt schnell zusammen.

Vorkommen: Sommer bis Herbst in Wäldern, auf mulmigen Stümpfen.

Verwechslung: Ähnlich, aber größer und mit starkem Aasgeruch ist die Stinkmorchel.

Wert: Ungenießbar.

Tintenfischpilz – Clathrus archeri

Tintenfischpilz

Clathrus archeri (Anthurus archeri)

Fruchtkörper: Zunächst ein Hexenei, rundlich bis eiförmig, bis 5 cm im Durchmesser, jung weißlich, zur Reife bräunlich, halb in den Boden eingesenkt, mit kräftigen Myzelsträngen am Grunde. Bei der Sporenreife platzt die Eihülle, und auf einem mehr oder weniger kurzen, weißlichen Stiel breiten sich 5–6 leuchtendrote Arme sternförmig aus (wie die Fangarme eines Tintenfisches), die mit Flecken dunkelolivfarbenen Schleimes bedeckt sind, der einen intensiven Aasgeruch besitzt. Das ganze Gebilde ist zellig-porös und sehr zerbrechlich.

Vorkommen: Sommer bis Herbst in Laubwäldern und auf waldnahen Wiesen und Brachen, oft in großer Stückzahl. Aus Australien eingeschleppt. Früher sehr selten! Breitet sich jedoch ständig weiter aus.

Verwechslung: Beim voll entwickelten Pilz nicht möglich. Höchstens die Hexeneier könnten mit denen anderer Rutenpilze verwechselt werden.

Wert: Ungenießbar.

Gelbbräunliche Wurzeltrüffel – Rhizopogon obtectus

Gelbbräunliche Wurzeltrüffel

Rhizopogon obtectus (Rhizopogon luteolus)

Fruchtkörper: Etwa walnußgroß, teilweise im Boden versenkt, knollenförmig, länglich, Außenschicht korkartig zäh, jung lederbräunlich, alt schmutzigbraun, im unteren Teil von dünnen, braunen Pilzfäden umsponnen. Innenschicht mit knoblauchartigem Geruch, fein mäandrisch gemustert, erst weißlichgelb, dann olivbraun und schließlich dunkelbraun breiig zerfließend.

Vorkommen: Sommer bis Herbst in sandigen Kiefernwäldern. Oft nur mit dem Scheitel aus dem Boden herausragend.

Verwechslung: Nicht mit dem giftigen Kartoffelbovist verwechseln!

Wert: Ungenießbar.

Riesenbovist

Langermannia gigantea (Calvatia gigantea)

Fruchtkörper: Der Gigant unter den Bovisten. Der kugelige, stiellose Pilz erreicht bis 50 cm Durchmesser und mehr als 10 kg Gewicht! Jung weiß und fest, dann immer mehr bräunlich verfärbend und weicher, am Grunde gefurcht. Innenmasse erst reinweiß, dann grünlichgelb, schließlich braun, schwammartig austrocknend. Geruch unangenehm harnartig. Die Außenhaut zerfällt bei der Reife und löst sich stückchenweise ab. Die einem Badeschwamm gleichenden Überreste des Pilzes überdauern Monate.

Vorkommen: Ab Mai bis zum Spätherbst an Waldrändern, in Parks und Gärten, auf Wiesen und Weiden auf stickstoffhaltigen Böden. In manchen Gegenden häufig.

Riesenbovist – Langermannia gigantea

Verwechslung: Ausgewachsen nicht zu verwechseln. Junge Exemplare ähneln kleineren weißen Bovisten. Boviste und Stäublinge mit Ausnahme der Kartoffelbovist sind eßbar, solange sie innen noch reinweiß sind.

Wert: Eßbar und ergiebig. Der Geschmack sagt allerdings nicht jedermann zu. Der Pilz wird am besten in Scheiben geschnitten und anschließend paniert, gebraten oder auch haschiert.

Schwärzender Bovist – Bovista nigrescens

Igelstäubling – Lycoperdon echinatum

Schwärzender Bovist

Bovista nigrescens

Fruchtkörper: Bis 5 cm breit, rund, ungestielt, jung völlig weiß, mit bröckeliger, bald felderig aufreißender, abblätternder Außenhülle und dunkel- bis schwarzbrauner Innenhülle. Die anfangs weiße, später gelb, oliv und schließlich dunkelbraun verfärbende und zu trockenem Sporenstaub reifende Innenmasse ist von der papierdünnen Innenhülle umgeben, die am Scheitel aufreißt. Aus dieser Öffnung entweicht bei Druck (beim Drauftreten) der Sporenstaub.

Vorkommen: Frühsommer bis Herbst auf Wiesen und Grasplätzen. Häufig auf Kulturrasen sowie im Laubwald.

Verwechslung: Sehr ähnlich ist der Bleigraue Zwergbovist an gleichen Standorten sowie weitere kleine Stäublinge, die alle eßbar sind. Nicht mit dem Kartoffelbovist verwechseln!

Wert: Eßbar, solange innen reinweiß.

Igelstäubling

Lycoperdon echinatum

Fruchtkörper: Bis 5 cm groß, rundlich oder kurzgestielt, braun, jung dicht mit langen, braunen, festhaftenden Stacheln bedeckt und einem zusammengerollten Igelbaby ähnlich. Erst alt fallen die Stacheln ab, dann von oben her kahl mit netzartiger Musterung. Innenmasse zunächst weiß, reif pulverig purpurbraun.

Vorkommen: Sommer bis Herbst vor allem in Buchenwäldern auf Kalkböden.

Verwechslung: Jung unverwechselbar.

Wert: Eßbar, solange innen reinweiß, doch unbedingt wegen seiner Seltenheit zu schonen.

Flaschenstäubling
Lycoperdon perlatum

Fruchtkörper: Bis 10 cm hoch, gestielt, mit kugeligem Oberteil und einer kopfstehenden Flasche ähnlich. Jung weiß mit leicht abfallenden, ziemlich groben Stacheln, alt braun mit papierdünner Haut, schließlich ganz kahl. Innenmasse weich, zunächst weiß, später olivbraun. Reif platzt die Haut am Scheitel auf, und bei Druck puffen die Sporen als Staubwölkchen aus der Öffnung. Der untere, stielartige Teil ist unfruchtbar und bleibt als schwammiger Überrest noch lange zurück.

Vorkommen: Sommer bis Herbst in Laub- und Nadelwäldern. Oft massenhaft.

Verwechslung: Es gibt weitere, sehr ähnliche Arten, die jedoch alle kaum mit dem giftigen Kartoffelbovist verwechselt werden können.

Wert: Eßbar, solange innen reinweiß.

Flaschenstäubling – Lycoperdon perlatum

Birnenstäubling
Lycoperdon pyriforme

Fruchtkörper: Bis 5 cm groß, rundlich bis birnenförmig, jung weiß, bald bräunlich, mit feinkörniger Außenhülle. Innenmasse zunächst weiß, reif pulverig braun. Geruch unangenehm gasartig-metallisch. Der untere Innenteil ist unfruchtbar, und alte Fruchtkörper überdauern den Winter.

Vorkommen: Spätsommer bis Herbst in Büscheln, in Laubwäldern an und neben alten Stümpfen, in Nadelwäldern auch auf dem Boden. Häufig.

Verwechslung: Es gibt weitere braune Stäublinge. Sie sind bis auf die Kartoffelboviste nicht giftig. Bei Vorkommen auf Holzstümpfen ist eine Verwechslung ausgeschlossen.

Wert: Ungenießbar.

Birnenstäubling – Lycoperdon pyriforme

Kartoffelbovist – Scleroderma citrinum

Gewimperter Erdstern – Geastrum sessile

Kartoffelbovist

Scleroderma citrinum
(Scleroderma aurantium)

Fruchtkörper: Kartoffelähnlich, bis 8 cm im Durchmesser, ungestielt. Die dicke, harte, im Schnitt gut erkennbare Außenhülle ist außen gelblich bis gelblichbraun, felderig-rissig mit braunen Schuppen. Innenmasse anfangs hell, fleischig und saftig, dann von der Mitte aus dunkler werdend, heller geadert, schließlich violettschwarz und braunoliv austrocknend, mit stechendem, unangenehmem Geruch. Reif reißt der Fruchtkörper am Scheitel auf, und durch die Öffnung treten die Sporen aus.

Vorkommen: Sommer bis Herbst in Laub- und Nadelwäldern auf sauren Böden.

Verwechslung: Ähnlich ist der giftige Dünnschalige Kartoffelbovist mit dünner Außenschale.

Wert: GIFTIG! Führt zu schweren Störungen der Verdauungsorgane.

Gewimperter Erdstern

Geastrum sessile (Geastrum fimbriatum)

Fruchtkörper: Zuerst kugelförmig und sich in der Erde entwickelnd. Später reißt die dreischichtige, derbe Außenhülle auf und breitet sich infolge verschieden starker Wasseraufnahme der drei Schichten sternförmig aus. Die einzelnen Lappen krümmen sich dabei soweit zurück, daß der Fruchtkörper aus dem Boden herausgehoben wird. Der Innenteil ähnelt dem Fruchtkörper eines Stäublings, ist rund, ungestielt und von einer papierdünnen Hülle umschlossen, in deren Innerem die Sporen reifen und schließlich durch eine Öffnung am Scheitel austreten.

Vorkommen: Ab August und bis in den Herbst in Laub- und Nadelwäldern. Da die Fruchtkörper nur schwer zerfallen, finden sich alte Exemplare über das ganze Jahr.

Verwechslung: Nicht zu verwechseln.

Wert: Für Speisezwecke nicht verwendbar. Aufgrund seiner Seltenheit zu schonen.

Gestreifter Teuerling
Cyathus striatus

Fruchtkörper: Etwa 1 cm breit und hoch, jung eiförmig-kugelig geschlossen, später becherartig geöffnet, wobei die Öffnung zunächst noch von einer erst braunfilzigen, dann weißen Haut verschlossen ist, die bald aufreißt. Außen braunfilzig, innen grau, glänzend, längsfurchig. Innen im Becher befinden sich etwa 10–18 nur wenige Millimeter große, weißliche bis graue linsenartige Sporenbehälter.

Vorkommen: Sommer und Herbst auf humusreichem Waldboden, an vermodernden Blättern, Zweigen und Ästen.

Verwechslung: Es gibt noch einige weitere, ähnliche „Nestpilze". Besonders häufig ist der Tiegelteuerling (mehr gelbbraun und ungestreift), der auf altem Stroh (auf strohgedeckten Dächern oft massenhaft) und modernden Zweigen und Ästchen wächst.

Wert: Ungenießbar. Der Pilzname Teuerling ist auf einen uralten Aberglauben zurückzuführen, nach dem man aus der Zahl der Sporenbehälter in den Fruchtkörpern ablesen kann, wie viele Jahre keine „Teuernis" eintreten wird.

Gestreifter Teuerling – Cyathus striatus

Judasohr
Hirneola auricula-judae

Fruchtkörper: Bis 10 cm breit, ohrmuschelförmig, lappig, runzelig, feucht braun, trocken grau, hornartig eingeschrumpft, bei Wasseraufnahme wieder aufquellend. Fleisch dünn, gallertartig-knorpelig.

Vorkommen: Während des ganzen Jahres mit Ausnahme der Frostperioden vor allem an altem Holunderholz, auch auf feuchtem Laubholz.

Judasohr – Hirneola auricula-judae

Verwechslung: Wegen seines Vorkommens und seiner Form nicht zu verwechseln.

Wert: Eßbar, ohne Eigengeschmack. Bekannt ist diese Art auch unter dem Namen „Chinesische Morchel".

Klebriger Hörnling – Calocera viscosa

Klebriger Hörnling
Calocera viscosa

Fruchtkörper: Einem kleinen Korallenpilz ähnlich. Bis 6 cm hoch, leuchtend gelb, trokken mehr orangegelb, klebrig, verzweigt sich etwa von der Mitte an. Strunk wurzelnd. Fleisch zäh, elastisch, biegsam.

Vorkommen: Das ganze Jahr über auf morschem Fichtenholz.

Verwechslung: Kann mit Korallenpilzen verwechselt werden, ist aber kleiner und biegsam und wächst auf Nadelholz.

Wert: Ungenießbar, zäh.

Zitterzahn – Pseudohydnum gelatinosum

Zitterzahn
Pseudohydnum gelatinosum

Fruchtkörper: Bis 8 cm breit, erst zungenförmig, dann seitlich kurz gestielt und halbkreis- bis muschelförmig. Oberseite weißlichgrau bis bräunlich, feinfilzig, Unterseite mit weißlichen bis grauen, nicht brüchigen Stacheln. Fleisch dick, wässerig, gallertartig-zäh, trocken schrumpfend und knorpelig.

Vorkommen: Sommer bis Herbst an morschen Nadelholzstümpfen.

Verwechslung: Ähnelt einem Stachelpilz, kann jedoch kaum verwechselt werden.

Wert: Eßbar. Wird zur Herstellung von Salaten verwendet.

Goldgelber Zitterling – Tremella mesenterica

Goldgelber Zitterling
Tremella mesenterica

Fruchtkörper: Etwa 1–5 cm breit, von hirnartig gewundener bis gefaltet-lappiger, unregelmäßiger Form, gelb bis orangegelb, oft weißlich bestäubt. Substanz feucht gallertartig-zäh, trocken schrumpfend und hart.

Vorkommen: Besonders im Spätherbst und Winter an totem Laubholz.

Verwechslung: Kaum verwechselbar.

Wert: Ungenießbar.

Pilzregister nach deutschen Namen

Pilzregister nach wissenschaftlichen Namen

Bei diesem Buch handelt es sich um eine aktualisierte und vollständig überarbeitete Ausgabe des bereits unter dem Titel „Pilze“ erschienenen Buches. Die Überarbeitung hat dankenswerterweise Herr Prof. Dr. Hans Joachim Conert, vormals Leiter der Botanisch-paläobotanischen Abteilung des Forschungsinstituts Senckenberg, Frankfurt a. M., übernommen.

Dieses Buch wurde auf chlorfrei gebleichtem und säurefreien Papier gedruckt.

Layout: Peter Mischung, Hofheim
Redaktion: Petra Volkmar
Redaktion des Rezeptteils: Barbara Fleig
Rezeptentwicklung: Martina Petrig
Redaktion für diese Ausgabe: Herta Winkler
Herstellung: Albert Brühl, Michaela Krekel
Herstellung für diese Ausgabe: Eva Kumar

Fotos: AKG-photo, Berlin; **H.J.Conert,** Usingen; **E. Garnweidner,** Fürstenfeldbruck; **H. u. R. Grünert,** Gilching; **K. H. Morschek; Reinhard-Tierfoto,** Heiligkreuzsteinach-Eiterbach; **H. Schrempp,** Breisach; **TLC-Foto-Studio GmbH,** Velen Ramsdorf (Rezeptfotos); **H. Wolff; FALKEN Archiv/TLC; Eberle; Grauel & Uphoff**
Zeichnungen: Pilzaquarell (zur Verfügung gestellt v. H. J. Conert, Usingen); alle übrigen Zeichnungen: Herbert Pohle, Taunusstein

Satz und Lithographie: Grunewald Satz & Repro GmbH, Kassel

49610197X817 2635 4453 6271

1108201X04 03 02 01